뇌가 섹시해지는

모스크바 수학퍼즐

2단계

THE MOSCOW PUZZLES: 359 Mathematical Recreations

by Boris A. Kordemsky
Edited by Martin Gardner
Translated in English by Albert Parry

the moscow puzzles

뇌가 섹시해지는

모스크바 수학퍼즐

교수들을 위한 수학논리 지수 높이는 두뇌 게임!

보리스 A. 코르뎀스키 지음 | 마틴 가드너 편집 | 박종하 감수 | 김지원 옮김

2단계

비전코리아

영어판 서문

지금 독자 여러분의 손에 들린 이 책은 소련에서 출간된 퍼즐책 중 가장 훌륭하고 인기 많은 《수학적 노하우(Mathematical know-how)》의 최초 영문판이다. 1956년에 처음 출간된 이래(실제로는 1954년 출간)로 이 책은 여덟 번 재간행되었고 우크라이나어, 에스토니아어, 라트비아어, 리투아니아어로 번역되었다. 특히 러시아어판만 해도 백만 부가량 판매되었다. 소련 외의 지역에서는 불가리아, 루마니아, 헝가리, 체코슬로바키아, 폴란드, 독일, 프랑스, 중국, 일본, 한국에서 출간되었다.

저자인 보리스 A. 코르뎀스키(Boris A. Kordemsky, 1907~1999)는 20세기 초에 태어나 모스크바에 살았던 고등학교 수학 선생님이었다. 창의수학 분야에서 뛰어난 재능을 발휘한 그는 1952년 러시아어로 첫 번째 책 《멋진 정사각형(The Wonderful square)》을 출간했다. 이 책은 평범한 정사각형이 지닌 흥미로운 특성을 논의한다. 1958년에는 《까다로운 수학 문제에 관한 소론(Essays on challenging mathematical problems)》이 출간되었다. 공학자와 공저한 아동용 그림책 《기하학이 연산을 도와준다(Geometry aids arithmetic)》(1960)는 색의 중첩을 다양하게 활용하여 간단한 도표와 그래프로 연산문제 푸는 법을 보여주었다. 1964년에는 《확률론 기초(Foundations of the theory of probabilities)》를 출간했고, 1967년에는 벡터 대수학과 해석 기하학 교과서를 공저했다. 하지만 코르뎀스키의 저작 중 가장 유명한 것이 바로 이 책, 방대한 수학퍼즐 모음집이다. 이 책은 뇌 활동을 자극하는, 경이로울 정도로 다양한 내용으로 이루어져 있다.

책에 있는 퍼즐들은 사실 영국의 전설적인 퍼즐리스트 헨리 어니스트 듀드니(Henry E. Dudeney, 1857~1936)나 미국 퍼즐의 대가 샘 로이드(Sam Lloyd, 1841~1911) 책의 것처럼 서양 문학을 아는 사람들에게는 이런저런 형태로 익숙할 수 있다. 하지만 코르뎀스키는 오래된 퍼즐에 새로운 관점을 부여하고, 이를 다시 접해도 재미있고 매혹적일 만한 이야기 형태로 바꾸어놓았다. 또한 이야기의 배경을 보면 당대 러시아의 삶과 전통에 관한 귀중한 정보도 얻을 수 있다. 게다가 잘 알려진 퍼즐 사이사이에는 서양 독자들에게 새롭게 느껴질 만한 문제들도 많다. 대부분 코르뎀스키가 개발한 문제들임에 분명하다.

창의수학과 과학퍼즐 분야에서 코르뎀스키에 비견할 만한 유일한 러시아 수학자는 야코프 I. 페렐만(Yakov I. Perelman, 1882~1942)이다. 그는 산수, 대수학, 기하학 분야뿐만 아니라 역학과 물리학, 천문학 분야에서도 유희적 관점으로 접근한 책들을 썼다. 페렐만의 책들도 여전히 구소련 전역에서 널리 판매되지만, 코르뎀스키의 책이 현재 러시아 수학사에서 '가장' 뛰어난 퍼즐 모음집으로 여겨진다.

코르뎀스키의 책 번역은 콜게이트 대학의 러시아학 전 학과장이자, 최근에는 케이스 웨스턴 리저브 대학 학과장이었던 앨버트 패리 박사(Dr. Albert Parry, 1901~1992)가 했다. 패리 박사는 저명한 러시아계 미국인 학자로 일찍이 《다락방과 가짜들(Garrets and pretenders)》(미국 보헤미아니즘의 다채로운 역사)과, 《휘슬러의 아버지(Whistler's father)》(이 화가의 아버지는 혁명 전 러시아에서 선구적인 철로 건설자였다)라는 제목의 전기부터, 구소련에서 과학기술 분야의 엘리트와 지배 관료 계급 사이에 점점 커져갔던 갈등에 관한 내용인 《새로운 계급 분할(The new class divided)》에 이르기까지 수많은 책을 썼다.

이 번역본의 편집자로서 나는 본문에 꼭 필요한 몇 가지 수정을 가했다. 예를 들어 러시아 화폐 관련 문제는 퍼즐의 내용을 망가뜨리지 않는 선에서 달러와 센트 문제로 바꾸었다. 전체적으로 코르뎀스키의 원문을 좀 더 명확하게, 때로는 단순하게 수정하기 위해 교정하고, 자르고, 새로운 문장을 끼워넣었다. 영어로 번역

되어 있지 않은 러시아 책과 기사에 관한 내용이나 주석은 종종 생략했다. 코르뎀스키는 책 끝부분에 수론 관련 문제를 조금 넣었는데, 그 내용도 생략했다. 나머지 퍼즐들과 어울리지 않고, 최소한 미국의 독자들에게는 지나치게 어렵고 기술적인 문제들이었기 때문이다. 러시아 단어를 모르고서는 이해가 불가능한 몇몇 퍼즐들의 경우에는 영단어를 사용해서 비슷한 내용의 퍼즐로 대체했다.

예브게니 K. 아르구틴스키(Yevgeni K. Argutinsky)의 원판 일러스트는 그대로 유지하고, 꼭 필요한 부분이나 그림 안에 있는 러시아 글자들만 영어로 손을 보았다.

간단히 말해서 이 책은 가능한 한 영어권 독자들이 이해하기 쉽고 즐겁게 볼 수 있도록 편집했다. 원본의 90퍼센트 이상은 그대로 유지했고, 그 재미와 따스함은 고스란히 전달하기 위해 최선을 다했다. 이런 노력이 수학퍼즐 문제를 즐기는 모든 독자에게 오랫동안 즐거움을 선사하길 바란다.

1972.

미국 수학자, 과학 저술가

마틴 가드너

감수글

어렸을 적 나는 수학퍼즐 푸는 것을 매우 좋아했다. 잘 풀지는 못했어도 문제를 생각하는 것이 재미있었고, 내가 전혀 생각지도 못했던 방법으로 답이 제시되면 너무 신기하고 때로는 흥분까지 되었다.

시간이 지나서 생각해보면, 학교에서 배우는 수학보다 퍼즐을 통하여 수학에 대한 흥미를 더 가지게 되었던 것 같다. 실제로 유명한 수학자들의 인터뷰에서 학교 수학 수업보다 집에서 퍼즐을 풀던 시간이 자신의 수학적인 사고를 더 키워주었다고 하는 이야기를 가끔 듣는다.

특히 나는 대학에서 수학을 전공하면서 퍼즐을 더 많이 접했다. 퍼즐은 수학적인 지식이 별로 없어도 수학적인 사고를 경험

할 수 있는 가장 좋은 방법이다. 다행히 1990년대 초에는 〈재미있는 수학여행〉 시리즈와 마틴 가드너의 《이야기 파라독스》, 《이야기 수학퍼즐 아하!》 등과 같은 쉽고 재미있는 수학 교양서가 쏟아져 나온 때였다. 나는 그 혜택을 톡톡히 누렸다. 친구들이 원서로 된 집합론, 미적분학, 선형대수 책과 씨름할 때, 나는 《재미있는 수학탐험》, 《즐거운 365일 수학》 등과 같은 짤막한 수학퍼즐책을 즐겨 읽었다. 첫 페이지에서 마지막까지 꼼꼼하게 보는 것도 아니고, 아무 데나 펴서 눈에 들어오는 재미있어 보이는 문제 몇 개를 설렁설렁 푸는 게 다였다. 단 하루도 빼놓지 않고 매일 그렇게 하자고 나와 약속했다.

당시 내가 좋아했던 퍼즐책은 여러 책에서 재미있는 문제들을 번역, 편집해서 만든 것이었다. 그래서 책 표지에 유명한 퍼즐 전문가들의 이름이 빼곡히 적혀 있었다. 그중 가장 자주 본 이름이 바로 마틴 가드너였다. 퍼즐책으로 수학과 친해지고, 문제를 풀면서 수학적 발상을 연습하다 보니 너무 어려워서 힘들 것만 같던 현대대수, 이산수학, 위상수학과 같은 전공과목들도 생각보다는 쉽게 공부할 수 있었다. 나중에는 마틴 가드너처럼 쉽게 수학을 가르치는 대중 작가가 되고 싶다는 생각도 가지게 되었다.

시간이 지나 현재 나는 창의력에 대한 글을 쓰고 강의를 하고 있다. 창의성에 관한 콘텐츠를 만들어야 하는 나에게 어렸을 적에 읽었던 퍼즐책은 매우 유용하게 사용되고 있다. 논리적이면서도 창의적인 사고를 돕는 방법 중 가장 재미있고 효과적인 것이

바로 퍼즐이기 때문이다. 글이나 강연을 좀 더 풍성하게 해줄 자료가 없나 하고 아마존에서 퍼즐책을 여러 권 구입하면서 이 책 《모스크바 수학퍼즐》을 손에 넣게 되었다. 마틴 가드너가 직접 편집한 책이라고 하니 더 반가워하며 책장을 넘겼다.

연필을 들고 도전해보고 싶게 만드는 숫자들과 도형 퍼즐은 물론이고, 이쑤시개 통을 가져와서 직접 이쑤시개를 하나씩 옮겨가며 풀어가게끔 만드는 성냥개비 문제들이 눈길을 끌었다. 쉽게 풀리는 문제 다음에, 같은 방법을 조금 응용해야 풀 수 있는 문제를 배치해서 마치 게임 레벨을 높여가듯이 도전하는 재미가 있었다. 또한 중간중간 앞선 문제와 비슷하게 생겨서 같은 해법을 적용하는 듯싶지만, 전혀 다른 방법으로 접근해야 풀리는 넌센스 문제들이 적절하게 섞여 있어서, 굳어지기 쉬운 생각의 허를 찔러 머리를 유연하게 만들어주는 듯했다.

읽다 보니 친구들과의 모임에서 수학 마술이라고 모두의 눈을 크게 뜨게 만들어줄 만한 문제들도 꽤 많아 이들만 따로 골라 정리해놓기도 했다. 정말 쉬운 문제인데 엄밀하게 생각하지 않으면 실수로 틀린 답을 낼 가능성이 높은 문제들도 여러 개 있어서, 수학적 사고에 관한 글과 강의에 그런 문제들을 소재로 사용했더니 좋은 반응을 얻기도 했다.

퍼즐책을 여러 권 구입했지만, 자료가 필요할 때 가장 먼저 뒤적이는 게 바로 이 책이다. 나의 생업을 유지하는 데에 큰 도움을 준 고마운 책이다.

이 고마운 책이 번역 출간된다는 소식이 참 반가우면서도 나 혼자 독점하고 싶은 귀한 보물을 내놓는 아쉬운 기분도 살짝 든다. 하지만 자고로 좋은 것은 여러 사람과 두루두루 나누어야 하는 법! 이 책을 읽는 분들도 나처럼 그 재미와 유용함을 한껏 누리시길 바란다.

창의력 컨설턴트

박종하

차례

8장 Algebra
대수학을 사용할 때

9장 Schluß
계산이 필요 없는 수학

10장 Game Theory
수학 게임과 트릭

11장 Number Theory
재미있는 나눗셈

12장 Magic Square
마술적인 숫자 배열, 마방진

13장 Curious and Serious
흥미롭고 진지한 수

14장 Prime, Fibonacci Numbers
오래되었지만 영원히 젊은 수

❖ 일러두기

1 이 책은 도버 북스(DOVER BOOKS)에서 나온 1992년도 판을 기준으로 했습니다. 1992년 도버 판은 1972년 최초 영문판에서 사소한 것들만 바꿨을 뿐 거의 동일합니다.

2 편집상의 이유와 풀이의 편이성을 위해 문제의 순서를 바꿨습니다.

3 이 책에 수록된 것 외에도 다양한 풀이 과정이 존재할 수 있습니다.

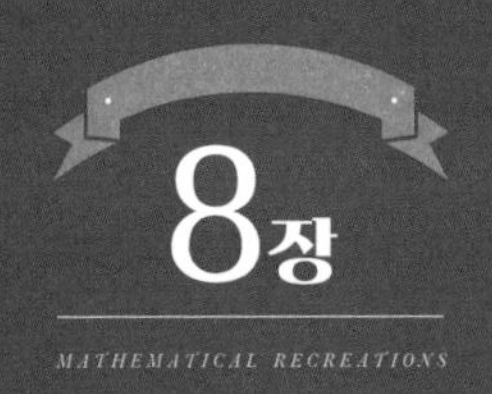

8장

MATHEMATICAL RECREATIONS

대수학을 사용할 때

대수학 Algebra

대수학은 수 대신 문자를 쓰거나 해서 방정식으로
간단하게 나타내는 것이다. 크게 대수학, 해석학, 기하학으로 나눌 때,
그중 한 분야에 해당한다.

50년 동안 많은 가정과 학교에서 사람들은 다음 문제를 놓고 머리를 긁적이고 갸우뚱거렸다.

거위 한 마리가 한 무리의 거위떼와 반대방향으로 날아가며 소리쳤다. "안녕, 백 마리 거위들!"

거위떼의 우두머리가 대답했다. "우린 백 마리가 아니야! 우리 수를 두 배 하고, 우리 수의 절반을 더하고, 우리 수의 4분의 1을 더하고, 마지막으로 너까지 더하면 백이 되겠지."

거위 한 마리는 계속 날아갔지만 답을 찾을 수가 없었다. 그러다가 연못가에서 새들 사이에서 최고의 수학자인 황새를 발견했다. 황새는 종종 한 다리로 서서 몇 시간씩 문제를 풀곤 했다.

거위는 내려가서 이 이야기를 했다. 황새는 부리로 거위떼를 의미하는 선을 그었다. 같은 길이의 선을 한 번 더 그리고, 그 선의 절반 길이의 선을 그리고, 4분의 1선을 그리고, 마지막으로 거위 한 마리를 뜻하는 거의 점에 가까운 아주 작은 선을 그렸다.

"이제 알겠어?" 황새가 물었다.

"아직 모르겠는걸."

황새는 선의 뜻을 설명했다. 2개의 긴 선은 거위떼를 의미하고, 하나는 거위떼의 절반을, 다른 하나는 거위떼의 4분의 1을, 그리

고 점은 거위 한 마리를 뜻했다. 그는 점을 문질러 지우고서 이제 아흔아홉 마리의 거위떼를 의미하는 선들만 남겼다.

"거위떼에 4분의 1이 4개 들어가 있지. 그러면 이 4개의 선에는 4분의 1이 총 몇 개가 들어 있을까?"

천천히 거위는 4+4+2+1을 했다. "11이야." 그가 대답했다.

"4분의 1씩 11개가 아흔아홉 마리라면, 4분의 1 거위떼는 몇 마리일까?"

"아홉 마리."

"그럼 거위떼는 몇 마리일까?"

거위는 9에 4를 곱하고서 대답했다. "서른여섯 마리."

"맞아! 하지만 혼자는 답을 찾지 못하지. 너희 거위들이란!"

기하학, 연산, 그림 등을 자유롭게 사용해 문제들을 풀어보자.

THE MOSCOW PUZZLES **217** MATHEMATICAL RECREATIONS

상호협력

2차 세계대전 이후 재건 기간 동안에 트랙터가 부족했기에 기계와 트랙터 센터에서는 서로 필요한 곳에 장비를 빌려주었다.

기계와 트랙터 센터 3개가 나란히 있다. 1번 센터가 2번과 3번 센터에 각각이 이미 보유한 만큼의 트랙터를 빌려주었다. 몇 달 후 2번 센터가 1번과 3번에 각각이 가진 만큼의 트랙터를 빌려주었다. 나중에 3번 센터가 1번과 2번에 이미 가진 만큼의 트랙터를 빌려주었다. 각 센터는 24대의 트랙터를 보유하게 되었다. 처음에 각 센터에는 몇 대의 트랙터가 있었을까?

THE MOSCOW PUZZLES **218** MATHEMATICAL RECREATIONS

몇 배 더 클까

2개의 수가 있다. 각 수에서 작은 수의 절반을 빼면 2개의 답 중 큰 수가 작은 수의 세 배가 된다. 원래 수에서 큰 수가 작은 수보다 몇 배 더 클까?

게으름뱅이와 악마

게으름뱅이가 한숨을 쉬었다. “다들 ‘게으름뱅이는 필요하지 않아. 넌 늘 걸리적거려. 악마에게나 가버려!’라고 하지. 하지만 악마가 나한테 부자가 되는 법을 알려줄까?”

게으름뱅이가 이렇게 말하자마자 악마가 앞에 나타났다.

“자, 내가 너에게 시킬 일은 아주 쉽고, 금방 부자가 될 수 있어. 저 다리 보여? 저기를 건너면 네 돈을 두 배로 불려줄게. 정확히 말해 네가 저길 건널 때마다 네 돈을 두 배씩 불려줄게.”

“정말요?”

“하지만 사소한 부분이 하나 있어. 내가 이렇게 관대하니까 넌

매번 다리를 건널 때 나한테 24달러씩 내야 해."

게으름뱅이는 동의했다. 그는 다리를 건넌 다음 멈춰서 자신의 돈을 세어보았다… 이런 기적이 있나! 돈이 두 배가 되어 있었다.

그는 악마에게 24달러를 내고 다시 건넜다. 그의 돈이 두 배가 되었다. 또 24달러를 내고 다리를 세 번째로 건넜다. 다시금 돈이 두 배가 되었다. 하지만 이제 그에게는 24달러뿐이었고, 그는 이것을 전부 악마에게 주어야 했다. 악마는 웃어대며 사라졌다.

누군가가 당신에게 충고를 하면 그대로 행동하기 전에 우선 생각하라. 그런데 게으름뱅이는 처음에 얼마를 갖고 있었을까?

디젤선과 수상비행기

한 디젤선이 긴 항해를 떠난다. 해안에서 180km 지점에 도착했을 때, 배보다 속도가 열 배 빠른 수상비행기가 그 디젤선으로 편지를 전달하러 출발했다. 수상비행기는 해안에서 몇 km 떨어진 곳에서 배를 따라잡았을까?

THE MOSCOW PUZZLES **221** MATHEMATICAL RECREATIONS

영리한 소년

세 형제가 사과 24개를 각각 자신의 3년 전 나이대로 나누어 가졌다. 막내가 교환을 제의했다.

"내 사과 중 절반은 그냥 두고 나머지를 형들에게 똑같이 나누어줄게. 그다음에는 작은형도 반은 두고 나머지를 큰형이랑 나한테 똑같이 주는 거야. 마지막으로 큰형도 똑같이 하는 거지."

형제는 동의했다. 그 결과 모두가 똑같이 8개의 사과를 갖게 되었다. 형제들의 현재 나이는 몇 살일까?

THE MOSCOW PUZZLES **222** MATHEMATICAL RECREATIONS

사냥꾼들

세 친구가 사냥을 갔다. 두 사람이 개울을 건널 때 총알이 물에 젖어버렸다. 세 친구는 멀쩡한 총알을 똑같이 나누었다. 각자 네 발을 쏘고 나니 남은 전체 총알의 수는 나눈 후 1명이 가진 수와 똑같아졌다. 처음에 멀쩡한 총알 몇 개를 나누었을까?

열차의 만남

1/6km 길이에 시속 60km로 달리는 화물열차 두 대가 서로 스쳐 지나갔다. 기관차들이 만났다가 꼬리칸들까지 완전히 스쳐 지나갈 때까지 몇 초나 걸렸을까?

THE MOSCOW PUZZLES 224 MATHEMATICAL RECREATIONS

베라의 문서 타이핑

엄마가 베라에게 어떤 논문을 타이핑하라고 시켰다.

"하루에 평균 20쪽씩 타이핑해야지."

베라는 이렇게 하기로 했으나 문서의 앞부분 절반은 좀 게으르게, 하루에 10쪽씩 타이핑했다. 이를 벌충하기 위해 베라는 나머지 절반을 하루에 30쪽씩 타이핑했다.

"난 하루에 평균 20쪽씩 했어. 10+30의 절반은 20이니까."

베라는 그렇게 생각했다.

"아니, 그렇지 않아." 엄마가 말했다. 누가 옳을까?

THE MOSCOW PUZZLES 225 MATHEMATICAL RECREATIONS

언제 시작하고 언제 끝날까

회의가 오후 6시에서 7시 사이에 시작해 9시에서 10시 사이에 끝난다. 이때 분침과 시침의 위치가 정확히 서로 반대가 된다. 회의는 몇 시에 시작해서 몇 시에 끝나는 걸까?

버섯 사건

마루샤, 콜리야, 바냐, 안드류샤, 페티야가 버섯을 따러 나섰다. 마루샤만 진지하게 버섯을 땄고, 나머지 네 소년은 풀밭에 누워 잡담을 하며 보냈다. 돌아갈 시간이 되자 마루샤는 버섯을 45개 땄고, 다른 소년은 하나도 따지 못했다.

마루샤는 친구들이 불쌍했다.

"캠프에 돌아가면 너희는 혼이 날 거야."

그녀는 친구들에게 버섯을 조금씩 나누어주었고, 결국 자기 몫은 하나도 남기지 못했다.

돌아오는 길에 콜리야는 버섯 2개를 발견했고, 안드류샤는 가지고 있는 버섯의 수를 두 배로 늘렸다. 하지만 바냐와 페티야는 내내 딴짓을 하다가 결국 바냐는 버섯 2개를 잃어버리고, 페티야는 절반을 잃었다.

캠프에 돌아와서 버섯의 수를 셌을 때, 각 소년은 똑같은 수의 버섯을 갖고 있었다.

마루샤는 각 소년에게 몇 개의 버섯을 주었을까?

THE MOSCOW PUZZLES **227** MATHEMATICAL RECREATIONS

더 걸릴까 덜 걸릴까

뱃사공 A가 강에서 물살을 따라 $x$km, 물살을 거슬러 $x$km를 움직였다. 뱃사공 B는 호수에서 $2x$km를 움직였다(호수에서는 물이 흐르지 않는다). A가 B보다 시간이 더 걸렸을까 덜 걸렸을까? (그들의 노 젓는 힘은 같다.)

디젤선 두 척

디젤선 두 척이 동시에 부두를 떠났다. 똑같은 추진력으로 스테판 라진 호는 하류로, 티미랴제프 호는 상류로 항해한다. 출발할 때 스테판 라진 호에서 구명부표가 떨어져 하류로 흘러갔다.

1시간 후 두 배 모두 방향을 돌리라는 지시를 받았다. 스테판 라진 호의 선원은 두 배가 만나기 전에 부표를 도로 주울 수 있을까?

수영선수와 모자

배가 물살을 따라 흘러가고 있다. 어떤 남자가 물에 뛰어들어 물살을 거슬러 헤엄을 치다가 방향을 돌려 배를 따라잡았다. 그가 물살을 거슬러 헤엄치는 데 시간이 더 걸렸을까, 아니면 배를 따라잡는 데 시간이 더 걸렸을까? (그의 수영 능력은 시종일관 달라지지 않는다고 가정한다.)

답은 두 시간이 같다는 것이다. 물살은 남자와 배를 같은 속도로 하류로 실어간다. 그래서 수영하는 사람과 배 사이의 거리는 물살의 속도에 영향을 받지 않는다.

이제 한 수영선수가 다리에서 뛰어내려 물살을 거슬러 헤엄을 친다고 생각해보자. 같은 타이밍에 다리 위에 있던 한 남자의 머리에서 모자가 바람에 날려 하류에 떨어졌다. 10분 후 수영선수는 방향을 돌렸다. 다리로 돌아왔을 때, 계속 헤엄쳐서 하류로 떠내려간 모자를 잡아달라는 요청을 받았다. 그는 첫 번째 다리에서 1,000m 떨어진 두 번째 다리 아래서 모자를 잡았다.

수영선수의 수영 능력은 시간에 따라 달라지지 않는다. 물살의 속도는 얼마일까?

당신은 얼마나 예리한가

모터보트 M이 호숫가 A에서 출발하고, 동시에 보트 N이 맞은편 호숫가 B에서 출발한다. 그들은 일정한 속도로 호수를 가로지른다. 두 배는 A에서 500m 떨어진 지점에서 처음 만난다. 그리고 각자 멈추지 않고 맞은편 호숫가를 찍고 돌아와서 B에서 300m 떨어진 곳에서 다시 만난다.

호수의 길이는 얼마이고, 두 보트의 속도는 서로 어떤 관계가 있을까? 예리한 감각이 있다면 계산을 얼마 하지 않고도 답을 알 수 있을 것이다.

THE MOSCOW PUZZLES **231** MATHEMATICAL RECREATIONS

젊은 개척자들

'젊은 개척자들' 단체에 속한 비티야는 자기네가 다른 단체가 심은 과일나무 수의 절반을 심을 거라고 했다. 가장 큰 단체에 있는 키류샤는 비티야의 단체를 포함해 다른 단체 전부를 합한 수의 나무를 심겠다고 약속했다.

두 단체는 마지막 임무를 동시에 수행했다. 이전에 다른 단체가 마흔 그루의 나무를 심었다. 두 단체의 약속이 모두 지켜졌다고 하면, 전체 단체들이 심은 나무는 총 몇 그루일까?

THE MOSCOW PUZZLES **232** MATHEMATICAL RECREATIONS

선반공 비코프의 작업 속도

국가공로상을 수상한 선반공 P. 비코프는 한 금속 부품의 제조 시간을 35분에서 $2\frac{1}{2}$분으로 줄였다. 이 제조 공정의 절단 속도는 분당 1,690cm만큼 더 빨라졌다. 새 절단 속도는 얼마일까?

트랙을 도는 자전거선수

4명의 자전거선수가 각각 1/3km 길이의 원형 트랙을 따라 달리며 경기한다. 그들은 검은색 점에서 동시에 출발해서 각자 시속 6, 9, 12, 15km로 달린다.

20분 후 이들은 몇 번이나 시작 지점으로 동시에 돌아왔을까?

잭 런던의 여행

잭 런던은 스캐그웨이에서부터 죽어가는 동료가 있던 캠프까지 허스키 다섯 마리가 끄는 썰매를 타고 간 이야기를 해주었다.

24시간 동안 허스키들은 최고 속도로 썰매를 끌었다. 그러다가 두 마리가 늑대 무리로 빠져나가 버렸다. 개가 세 마리만 남았기 때문에 런던의 속도는 그에 비례하여 느려졌다. 결국 그는 계획보다 48시간 늦게 캠프에 도착했다. 도망친 허스키들이 50km만 더 썰매를 끌어줬다면 24시간만 늦었을 거라고 런던은 책에 쓰고 있다. 스캐그웨이에서 캠프까지의 거리는 얼마일까?

새로운 역

N 철로의 모든 역에서는 다른 역으로 가는 기차표를 판다. 새로운 역들이 몇 개 생기면서 추가로 46장의 표를 더 인쇄해야 했다. '몇 개'란 정확히 몇 개일까? 그전에는 몇 개였을까?

잘못된 유추

과학적 발견은 종종 유추를 통해 이루어진다. 두 물체의 어떤 특성이 비슷하다면 다른 특성 역시 비슷할 수 있다. 하지만 반드시 테스트를 거쳐 확인되어야 한다. 수학에서도 마찬가지다.

"40은 32보다 얼마나 클까?" "8만큼."

"32는 40보다 얼마나 작을까?" "8만큼."

"40은 32보다 몇 % 클까?" "25%."

"32는 40보다 몇 % 작을까?" "25%."

하지만 실은 20% 작다.

(A) 월급이 30% 올랐다면 구매력은 몇 % 커졌는가?

(B) 이번에는 물가만 30% 내렸다. 구매력은 몇 % 커졌을까?

(C) 중고서점이 가격을 10% 내리는 세일을 할 때, 팔린 책들은 8%의 수익을 낸다. 세일 전이라면 수익이 얼마였을까?

(D) 한 부품의 제작 시간을 p% 줄였다면 생산력은 얼마나 증가했는가?

THE MOSCOW PUZZLES 237 MATHEMATICAL RECREATIONS

두 자녀

(A) 나에게는 아이가 둘 있다. 둘 다 아들인 것은 아니다. 두 아이 모두 딸일 가능성은 얼마일까?

(B) 화가에게 아이가 둘 있다. 큰아이는 아들이다. 둘 다 아들일 가능성은 얼마일까?

THE MOSCOW PUZZLES 238 MATHEMATICAL RECREATIONS

누가 말을 탔을까

어느 날 젊은 남자와 중년 남자가 둘 중 1명은 말을 타고, 다른 1명은 차를 타고 마을을 떠나 도시로 출발했다. 만약 중년 남자가 지금의 세 배 거리만큼 갔다면, 도시까지 지금 남은 거리의 절반만큼만 더 가면 될 것이다. 만약 젊은 남자가 지금 온 거리의 절반만큼만 갔다면, 이제 남은 거리의 세 배만큼을 더 가야 할 것이다. 누가 말을 탔을까?

THE MOSCOW PUZZLES 239 MATHEMATICAL RECREATIONS

법적 분쟁

로마의 유산 분배 문제를 보자. 죽어가는 어느 로마인이 아내가 임신했음을 알고는 다음과 같은 유언을 남겼다.

아내가 아들을 낳으면 아들에게 장원의 3분의 2를 주고 미망인에게 3분의 1을 주겠지만, 아내가 딸을 낳으면 딸에게 3분의 1을 주고 미망인에게 3분의 2를 주라는 것이다.

그가 죽고서 얼마 지나지 않아 미망인은 아들 딸 쌍둥이를 낳았다. 이것은 남편이 미처 예상하지 못했던 일이었다. 유언의 조건을 최대한 맞추기 위해서는 장원을 어떻게 분배해야 할까?

THE MOSCOW PUZZLES 240 MATHEMATICAL RECREATIONS

오토바이를 탄 두 사람

오토바이를 탄 두 사람 A, B가 동시에 출발해 같은 거리만큼 갔다가 똑같이 돌아왔다. 하지만 A는 B가 쉰 시간의 두 배만큼 달렸고, B는 A가 쉰 시간의 세 배만큼 달렸다. 누가 더 빨랐을까?

어느 비행기를 몰았을까

볼로디야가 물었다.

"비행기 퍼레이드에서 아버지는 어느 비행기를 모셨어요?"

아버지는 비행기 9대의 대형을 그렸다.

"내 오른쪽에 있던 비행기 수에 왼쪽의 비행기 수를 곱하면, 그 수는 내 비행기 오른쪽에 비행기가 세 대가 있을 때의 같은 계산에 비해서 3 작지."

볼로디야는 이 문제를 어떻게 풀었을까?

THE MOSCOW PUZZLES **242** MATHEMATICAL RECREATIONS

암산으로 푸는 방정식

$$6{,}751x + 3{,}249y = 26{,}751$$

$$3{,}249x + 6{,}751y = 23{,}249$$

농담일까? 그렇지 않다. 암산으로 첫 번째 방정식에 6,751을 곱하고, 두 번째에 3,249를 곱하면 된다. 또는 더 쉬운 두 번째 방법을 써서 풀어보자. 두 번째 방법은 무엇일까?

THE MOSCOW PUZZLES **243** MATHEMATICAL RECREATIONS

초 2개

길이와 두께가 서로 다른 초 2개가 있다. 긴 것은 $3\frac{1}{2}$시간 태울 수 있고, 짧은 것은 5시간 태울 수 있다.

2시간을 태우고 나니 두 초의 길이가 같아졌다. 2시간 전에 긴 초의 높이와 짧은 초의 높이의 비율은 얼마였을까?

놀라운 현명함

회계 담당자 니카노로프가 4명의 아이들에게 네 자리 수를 생각해보라고 했다.

"이제 맨 앞 숫자를 제일 끝으로 보내고, 예전 수에 그 새로 만든 수를 더해보렴. 예를 들어 1,234 + 2,341 = 3,575가 되는 거지. 나한테 답을 말해보렴."

콜리야: "8,612."

폴리야: "4,322."

톨리야: "9,867."

올리야: "13,859."

"톨리야만 빼고 모두 틀렸구나."

회계 담당자가 말했다. 그는 어떻게 알았을까?

정확한 시간

벽시계가 1시간에 2분씩 느려진다. 벽시계가 1시간 가는 동안 탁상시계는 벽시계보다 2분씩 빨라진다. 탁상시계가 1시간 가는 동안 알람시계는 탁상시계보다 2분씩 느려진다. 알람시계가 1시간 가는 동안 손목시계는 알람시계보다 2분씩 더 빨라진다.

정오에 4개의 시계를 모두 정확하게 맞추었다. 실제 시간이 오후 7시일 때, 손목시계는 몇 시를 가리킬까?

두 시계

내 시계는 시간당 1초씩 빨라지고, 바샤의 시계는 시간당 $1\frac{1}{2}$초씩 느려진다. 지금 두 시계의 시간은 똑같다. 언제 다시 똑같은 시간을 보여줄까? 또 언제 똑같이 정확한 시간을 보여줄까?

시침과 분침

(A) 공예가가 정오를 조금 지나고서 점심을 먹으러 나왔다. 그때 그는 시계바늘의 정확한 위치를 봐두었다. 돌아와서 그는 분침과 시침의 위치가 반대로 바뀌어 있다는 걸 깨달았다. 그는 언제 돌아왔을까?

(B) 나는 2시간은 넘게, 하지만 3시간은 넘지 않게 산책을 했다. 돌아와서 보니 분침과 시침의 위치가 반대로 바뀌어 있었다. 2시간에서 몇 분 넘게 산책한 걸까?

(C) 한 소년이 오후 4시에서 5시 사이에, 시계바늘이 겹쳐 있을 때 문제를 풀기 시작했다. 그리고 분침이 정확히 시침의 반대편에 있을 때 문제를 다 풀었다. 문제를 푸는 데 몇 분이나 걸렸고, 몇 시에 끝냈을까?

병사들을 가르치다

세모치킨 중사는 기회가 있을 때마다 병사들에게 질문을 던져 예리한 관찰력을 길러주었다. 그는 갑자기 병사들에게 이렇게 묻곤 했다.

"우리가 오늘 건넌 다리에는 몇 개의 기둥이 있었을까?"

또는 퍼즐을 내기도 했다.

"너희 중 2명이 같은 거리를 가야 한다고 해보자. 한 병사는 절반의 시간 동안 뛰어가고, 나머지 절반의 시간 동안 걸어간다. 다른 병사는 절반의 거리를 뛰어가고 나머지 절반의 거리를 걸어간다. 두 사람 모두 서로 같은 속도로 걷거나 뛰어간다. 그렇다면 누가 먼저 도착할까? 또는 먼저 걸어간 다음에 뛰어간다면 누가 먼저 도착할까?"

따로 가는 여행

두 소년이 자전거 여행을 떠났다. 가는 도중 자전거 한 대가 망가져서 수리를 맡겨야 했다.

소년들은 남은 자전거를 서로 나눠 타기로 했다. 1명은 자전거로, 1명은 걸어서 동시에 출발했다. 그리고 중간에 자전거를 타던 소년이 내려서 자전거를 놔두고 걸어서 계속 간다. 다른 친구는 자전거가 있는 곳에 도착해서 그 자전거를 타고 먼저 간 친구를 따라잡은 다음에 다시 서로 바꿔 탄다.

두 사람이 동시에 목적지에 도착하려면, 마지막으로 자전거를 놔두는 곳이 목적지에서 얼마나 떨어져 있어야 할까? 목적지와 자전거가 망가진 곳 사이의 거리는 60km, 그들의 걷는 속도는 시속 5km, 자전거의 속도는 시속 15km였다.

네 단어 고르기

B E
O A K
R O O M
I D E A L
S C H O O L
K I T C H E N
O V E R C O A T
R E V O L V I N G
D E M O C R A T I C
E N T E R T A I N E R
M A T H E M A T I C A L
S P O R T S M A N S H I P
K I N D E R G A R T E N E R
I N T E R N A T I O N A L L Y

두 글자부터 열다섯 글자에 이르는 단어들이 나열되어 있다. 글자 개수가 a, b, c, d인 4개의 단어에 대해 $a^2=bd$이고 $ad=b^2c$를 만족한다고 한다. 이와 같은 단어 4개를 골라라.

불량 저울

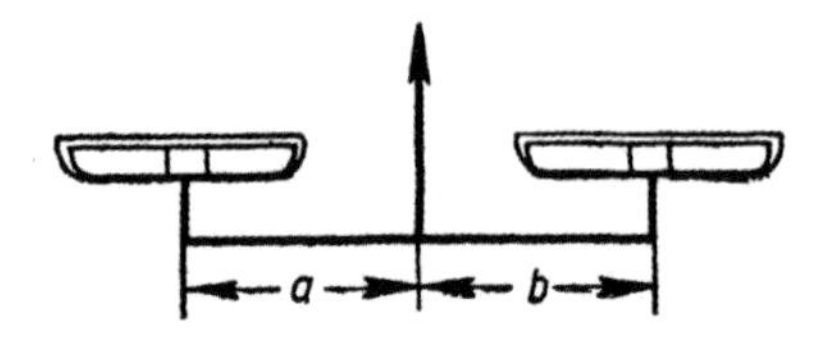

제대로 된 저울은 양팔이 똑같아야 하지만(그림에서 a =b), 어느 식품점의 저울은 그렇지 못했다. 새 걸 사지 않고 계속 쓰려고 식품점 주인은 다음과 같은 방식으로 무게를 바로 잴 수 있을지 고민했다.

"왼쪽에 1g 추를 올리고 오른쪽에 설탕을 올려 평형을 맞춘 다음, 오른쪽에 1g 추를 올리고 왼쪽에 설탕을 좀 더 올려 평형을 맞추면 설탕의 총 무게는 2g이 될 거야."

정말 그럴까? 또는 다른 방법이 있을까?

코끼리와 모기

코끼리와 모기의 무게가 같을까?

코끼리의 무게를 x, 모기의 무게를 y라고 해보자. 둘의 합을 2v라고 하면 $x + y = 2v$가 된다.

이 관계식에서 2개의 식을 더 얻을 수 있다.

$$x - 2v = -y,\ x = -y + 2v$$

같은 변끼리 서로 곱하면,

$$x^2 - 2vx = y^2 - 2vy$$

이고, 여기에 v^2를 더하면 다음과 같다.

$$x^2 - 2vx + v^2 = y^2 - 2vy + v^2 \longrightarrow (x - v)^2 = (y - v)^2$$

양변에서 제곱근을 취하면 다음과 같다.

$$x - v = y - v$$

$$\therefore\ x = y$$

다시 말해 코끼리의 무게(x)와 모기의 무게(y)가 같다는 것이다! 어디서 틀린 걸까?

THE MOSCOW PUZZLES **253** MATHEMATICAL RECREATIONS

다섯 자리 수

흥미로운 다섯 자리 수 A가 있다. 뒷자리에 1을 붙이면 맨 앞자리에 1을 붙인 수보다 세 배 더 큰 수가 된다. 이 수는 무엇일까?

THE MOSCOW PUZZLES **254** MATHEMATICAL RECREATIONS

나는 몇 살일까

내 나이와 당신 나이를 합하면 86세다. 내 나이가 당신 나이의 두 배가 될 때가 올 텐데 그때의 내 나이는 당신의 나이가 그 시점의 내 나이의 두 배가 될 때 당신 나이에 9/16를 곱한 것이다. 또한 그때의 당신 나이에 15/16를 곱한 것이 바로 현재의 내 나이다.

나는 몇 살이고 당신은 몇 살일까?

해법: 비비 꼬인 말을 하나씩 풀어가며 문제를 해결해보자.

1. 언젠가 내 나이는 $2x$, 당신 나이는 x가 될 것이다(첫 번째 그림 참조).

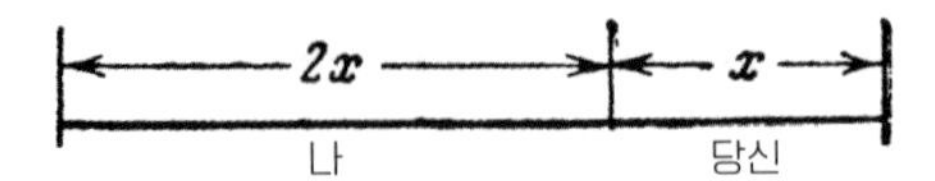

이를 통해 내 나이가 당신 나이보다 항상 x만큼 크다는 걸 알 수 있다.

2. 당신의 나이가 $2x$의 두 배가 되면 내 나이는 $5x$세이면서 당신의 나이에 9/16를 곱한 것이니 $4 \times \frac{9}{16} = \frac{9}{4}x = 2\frac{1}{4}x$다. 나와 당신의 나이 차가 x만큼이므로 당신의 나이는 $1\frac{1}{4}x$세다(두 번째 그림 참조).

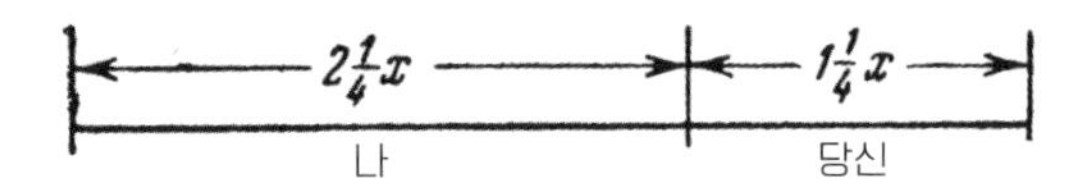

3. 내 나이가 당신 나이의 15/16이니 나는 $75x/64$세이고 당신은 $11x/64$세일 것이다(세 번째 그림 참조).

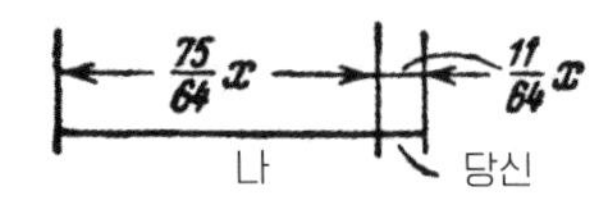

우리의 나이를 합하면 86이므로 문제에 따르면 지금 나는 칠십다섯 살이고 당신은 열한 살이다. 사실 나는 칠십다섯 살이 되

려면 한참 멀었고, 당신도 열한 살보다는 많을 것이다. 하지만 내가 현재 당신 나이였을 때 내 나이는 당시 당신 나이의 두 배였다. 당신이 나중에 현재의 내 나이가 되었을 때, 우리 나이의 합이 63이 된다면, 나는 지금 몇 살이고 당신은 몇 살일까?

2개의 보고서

첫 번째 보고서가 도착했다.

"열차 N이 t_1초 동안 나를 지나쳐 갔다."

두 번째 보고서가 도착했다.

"열차 N이 a미터의 다리를 t_2초 동안 지나쳐 갔다."

열차 N의 속도가 일정하다면, 속도와 열차 N의 길이는 얼마일까?

단분수의 특성

몇 개의 단분수(분자와 분모가 모두 양의 정수인 분수)를 써보자. 써놓은 분수에서 분자들의 총합을 분자로 하고, 분모의 총합을 분모로 하는 새 분수를 쓴다. 이는 써놓은 분수 중 가장 작은 것보다 크고, 가장 큰 것보다 작을까? 만약 그렇다면 항상 그럴까?

루카스 문제

이 문제는 19세기 프랑스 수학자 에두아르 루카스가 만들어 루카스 문제라 불린다.

"매일 정오에 배가 르 아브르를 떠나 뉴욕으로 향하고, 또 다른 배가 뉴욕을 떠나 르 아브르로 간다. 여정은 7일 낮 7일 밤이 걸린다. 오늘 르 아브르를 떠난 배가 뉴욕까지 가는 동안 몇 척의 뉴욕발 르 아브르행 배를 만날까?"

그래프를 그려 이에 답할 수 있을까?

계산이 필요 없는 수학

추론 Schluß

모든 문제는 추론으로 풀 수 있다. 특히 계산보다 연역적, 귀납적으로 푸는 문제들은 특별한 매력과 가치를 지니고 있다. 우리에게 문제를 푸는 비정통적인 방식을 어떻게 분석하고 찾는지 가르쳐준다.

THE MOSCOW PUZZLES 258 MATHEMATICAL RECREATIONS

신발과 양말

동생이 자고 있어서 나는 불이 꺼진 채로 옷장에 갔다.

신발과 양말을 찾았지만, 솔직히 나는 이들을 순서대로 정리해 놓지 않는 편이다. 그래서인지 3개 브랜드의 신발 여섯 개와, 같은 개수의 검은색과 갈색 양말 스물네 개가 죄다 뒤섞여 있었다.

짝이 맞는 신발과 양말을 확실하게 꺼내려면 신발과 양말을 몇 개씩 꺼내야 할까?

사과상자

세 종류의 사과가 한 상자 안에 섞여 있다. 최소한 한 종류의 사과가 2개는 있으려면 몇 개를 꺼내야 할까? 또 최소한 한 종류의 사과가 3개는 있으려면?

THE MOSCOW PUZZLES **260** MATHEMATICAL RECREATIONS

일기예보

자정에 비가 왔다. 72시간 후에는 해가 날까?

THE MOSCOW PUZZLES **261** MATHEMATICAL RECREATIONS

식목일 나무 심기

식목일에 4학년생 '젊은 개척자'들이 일찍부터 작업을 시작해서 6학년생들이 오기 전에 나무 다섯 그루를 심었다. 하지만 그들은 6학년생에게 할당된 자리에 나무를 심었다.

4학년생들은 길을 건너가서 다시 시작해야 했고, 6학년생들이 먼저 일을 마쳤다. 대신 일해준 대가로 6학년생들은 길을 건너가서 나무 다섯 그루를 심고, 다섯 그루를 더 심었다. 그리고 모든 작업이 끝났다.

6학년생은 4학년생보다 다섯 그루를 더 심은 걸까, 열 그루를 더 심은 걸까?

이름과 나이 짝짓기

[러시아에서는 세로프 씨의 부인을 세로바라 부른다.]

'젊은 개척자' 단체의 회원 3명이 이야기를 나누고 있다. 리더가 말했다. "부로프, 그리드네프, 클리멘코가 내일 도착할 거야. 그들의 이름은 콜리야, 페티야, 그리샤이지만 꼭 순서대로 말한 건 아니야."

"난 콜리야의 성이 부로프일 것 같아."

"틀렸어." 리더가 말했다.

"내가 힌트를 줄게. 너희가 잘 아는 나디야 세로바의 남편의 아버지는 부로프의 어머니의 남동생이야. 페티야는 일곱 살에 학교에 들어갔어. 최근에 나한테 '마침내 올해 6학년용 대수학을 시작했어'라는 편지를 보냈지. 우리의 벌통 관리인인 세미온 자카로비치 모크로소프는 페티야의 할아버지야. 그리드네프는 페티야보다 한 살이 많아. 그리고 그리샤는 페티야보다 한 살 많고."

세 소년의 성과 이름을 맞히고, 그들의 나이도 말해보라.

사격대회

안드류샤, 보리야, 볼로디야가 각각 여섯 발을 쐈고, 71점씩을 얻었다.

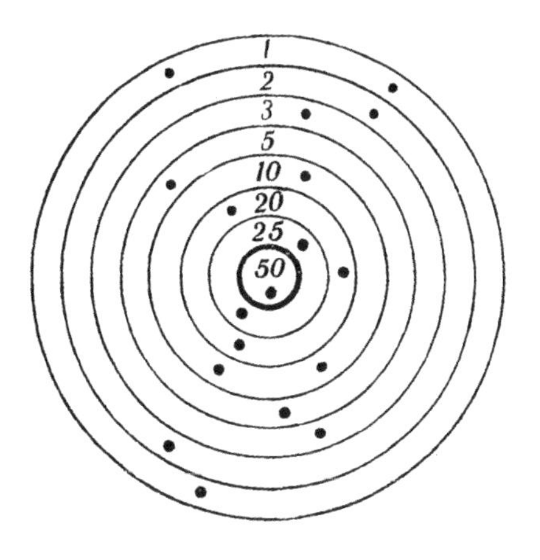

안드류샤의 첫 두 발은 22점이었고, 볼로디야의 첫 발은 겨우 3점이었다. 누가 중앙을 맞혔을까?

물건 사기

"네가 산 연필, 공책, 색종이는 총 1.70달러야."

"난 2센트짜리 연필 두 자루를 샀고, 4센트짜리 연필 다섯 자루를 샀어. 그리고 공책 여덟 권과 색종이 열두 장을 샀는데 가격은 기억이 안 나. 하지만 총 금액이 1.70달러일 리는 없어."

왜일까?

논리적인 추측

퍼즐 참가자 3명의 눈을 가렸다. 각각의 이마에는 흰 종이를 붙이고, 그들에게 모든 종이가 검은색은 아니라고 말을 해두었다. 안대를 벗은 후 자신의 이마에 붙어 있는 종이가 흰색인지 검은색인지 맞히는 첫 번째 사람에게 상금이 돌아간다.

세 사람은 잠시 머뭇거리다가 동시에 하얀색이라고 외쳤다.

왜일까?

객차의 승객들

한 객차에 모스크바, 레닌그라드, 툴라, 키예프, 카르코프, 오뎃사에서 온 6명의 승객이 앉아 있다.

① A와 모스크바에서 온 사람은 의사다.

② E와 레닌그라드 사람은 선생이다.

③ 툴라에서 온 사람과 C는 기술자다.

④ B와 F는 2차 세계대전 참전용사이지만, 툴라 사람은 군에 입대한 적이 없다.

⑤ 카르코프 사람은 A보다 나이가 많다.

⑥ 오뎃사 사람은 C보다 나이가 많다.

⑦ 키예프에서 B와 모스크바 사람이 내렸다.

⑧ 비니차에서 C와 카르코프 사람이 내렸다.

알파벳과 직업, 도시를 맞혀보라. 또한 앞의 정보가 문제를 푸는 데 필수적이고 충분한가?

체스 토너먼트

보병, 비행병, 탱크병, 포병, 기병, 전차병, 공병, 통신병이 소련군 체스 시합에 나갔다. 이들은 각기(순서대로는 아니다) 대령, 소령, 대위, 중위, 상사, 중사, 하사, 일병이다. 이들의 직급을 맞힐 수 있을까?

① 1라운드에서 대령은 기병과 시합했다.
② 비행병은 2라운드에 맞춰 도착했다.
③ 2라운드에서 보병은 하사와 시합했다.
④ 2라운드에서 소령은 상사와 시합했다.
⑤ 2라운드 이후에 대위는 시합을 포기했다. 그는 시합을 그만둔 유일한 선수였다.
⑥ 중사는 아파서 3라운드에 빠졌다.
⑦ 탱크병은 아파서 4라운드에 빠졌다.
⑧ 소령은 아파서 5라운드에 빠졌다.
⑨ 3라운드에 중위는 보병을 이겼다.
⑩ 3라운드에서 포병은 대령과 비겼다.
⑪ 4라운드에서 공병은 중위를 이겼다.
⑫ 4라운드에서 상사는 대령을 이겼다.

⑬ 마지막 라운드 이전에 기병과 전차병은 6라운드에서 연기된 시합을 끝냈다.

THE MOSCOW PUZZLES 268 MATHEMATICAL RECREATIONS

땔감 자르기

6명의 청년 공산당원들이 학교 땔감용으로 커다란 통나무를 $\frac{1}{2}$m씩 자르는 일에 자원했다. 6명을 세 팀으로 나누었고, 각 팀의 리더는 볼로디아, 페티아, 바샤였다.

볼로디아와 미샤는 2m 통나무를 자르고, 페티아와 코스챠는 $1\frac{1}{2}$m 통나무를, 바샤와 페디아는 1m 통나무를 잘랐다(전부 성이 아닌 이름이다).

다음날 학교 게시판에 라브로프와 갈킨, 메드베데프가 이끄는 팀이 훌륭하게 작업했다고 치하하는 내용이 붙었다. 라브로프와 코토프는 나무를 26조각으로 잘랐고, 갈킨과 파추코프는 27조각, 메드베데프와 예브도키모프는 28조각으로 잘랐다(전부 성이다).

파추코프의 이름은 뭘까?

누가 기술자인가

모스크바-레닌그라드 열차에 이바노프, 페트로프, 시도로프라는 이름의 세 승객이 타고 있었다. 우연히 이들은 같은 성을 가진 기술자와 소방관, 지휘자였다.

① 이바노프는 모스크바에 산다.
② 지휘자는 모스크바와 레닌그라드 중간에 산다.
③ 지휘자와 같은 성을 가진 승객은 레닌그라드에 산다.
④ 지휘자와 가장 가까이 사는 승객은 지휘자보다 한 달에 딱 세 배의 봉급을 받는다.
⑤ 페트로프는 한 달에 200루블을 번다.
⑥ 시도로프는 최근에 당구 게임에서 함께 기차를 탄 그 소방관을 이겼다.

기술자의 이름은 뭘까?

범인은 누구

[미국 저널 <스크립타 매스매티카 Scripta Mathematica>에서 발췌]

뉴욕 주의 한 초등학교 선생이 지갑을 도둑맞았다. 도둑은 릴리안, 주디, 데이비드, 테오, 마가렛 중 1명일 것이다.

심문에서 아이들은 세 가지씩 진술했다.

릴리안: (1) 전 지갑을 가져가지 않았어요. (2) 전 평생 어떤 것도 훔쳐본 적이 없어요. (3) 테오가 훔쳤을 거예요.

주디: (4) 전 죄가 없어요. (5) 저희 아빠는 부자라서 전 제 지갑이 있어요. (6) 마가렛이 누가 그랬는지 알 거예요.

데이비드: (7) 전 지갑을 가져가지 않았어요. (8) 전 이 학교에 들어오기 전에 마가렛을 몰랐어요. (9) 테오가 훔쳤을 거예요.

테오: (10) 전 아니에요. (11) 마가렛이 훔쳤을 거예요. (12) 제가 지갑을 훔쳤다는 릴리안의 말은 거짓이에요.

마가렛: (13) 전 지갑을 가져가지 않았어요. (14) 주디가 그런 거예요. (15) 데이비드는 절 태어날 때부터 알았으니까 제 말을 보증해줄 거예요.

나중에 모든 아이가 진술 중 두 가지는 사실이고 하나는 거짓말이라고 인정했다. 이게 사실이라면 누가 지갑을 훔쳤을까?

약초 모으기

두 '개척자' 단체 A, B에서는 비싼 약초를 채집해서 당시 소련의 의료 지부에 팔았다. 의료 지부에서는 보너스로 돈을 조금 더 주었다. A단체가 더 많은 약초를 모아왔기 때문에 보너스의 대부분을 가져갔다.

재미삼아 한 회원이 보너스를 나누는 계산에서 숫자 하나만 빼고 별표로 바꾸어보았다.

이 암호를 풀 수 있겠는가?

(A) A단체와 B단체에서 모은 약초의 봉투 수를 모두 더한다.

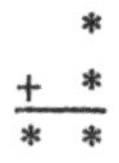

(B) 봉투의 총 수로 보너스(센트)를 나눈다.

```
          * *
* 7 ⟌ * * *
       * *
         * *
         * *
```

(C) A단체가 받은 보너스의 액수는?

```
  * *
X *
  * *
```

(D) B단체가 받은 보너스의 액수는?

```
  * *
X *
  * *
```

가려진 나눗셈

저명한 수학 회보 〈싱크!Think!〉의 편집자 올리야는 종이에 일곱 자리 수를 두 자리 수로 나누는 나눗셈을 쓰고 그 종이를 옆에 놔두었다.

2명의 체스 선수가 그녀의 계산에 적힌 숫자들 위에 자신이 딴 말을 올려놓기 시작했다. 게임이 끝날 무렵, 그들은 나머지만 빼고 모든 숫자를 가렸다.

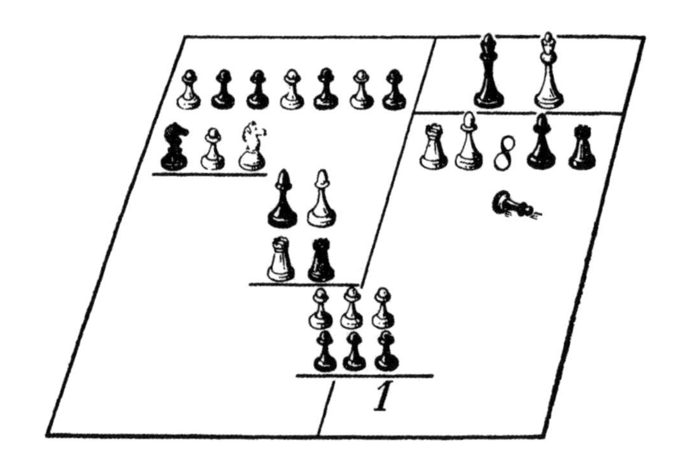

(이를 우리나라 사람들에게 익숙한 나눗셈 형태로 바꾸어 다음 그림으로 나타냈다. - 편집자)

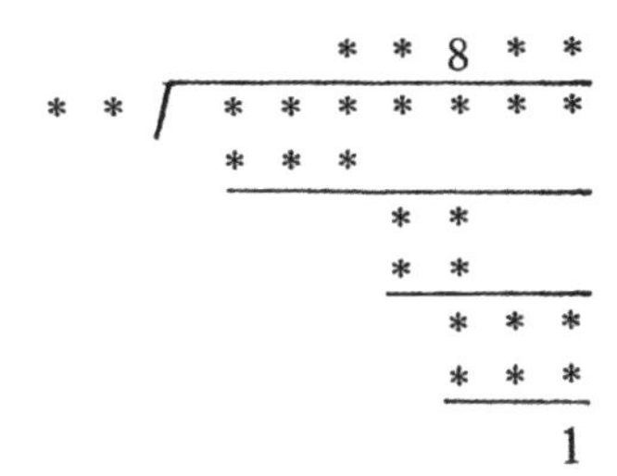

올리야는 이 문제를 해독 문제로 놔두기로 하고, 답이 2개가 되지 않도록 몫에 있는 숫자 8만 드러내 놓았다.

보기보다 쉬운 문제이니 겁먹지 말고 풀어보자.

오토바이와 말

우편 비행기를 맞이하기 위해 우체국에서 오토바이 배달부를 공항으로 보냈다. 비행기는 예정 시각보다 먼저 도착했고, 편지들을 기마 배달부가 받아서 우체국으로 출발했다. 30분 후 기마 배달부는 길에서 오토바이 배달부를 만나 편지를 넘겼다. 오토바이 배달부는 예정보다 20분 빨리 우체국에 도착했다.

비행기는 몇 분이나 일찍 도착했을까?

274

암호 해독

아래의 7개 퍼즐에서 숫자들은 문자와 별표로 대체되어 있다. 같은 문자는 같은 숫자를, 서로 다른 문자는 서로 다른 숫자를 의미한다. 별표는 어떤 숫자든 될 수 있다. 각 문자와 별표의 진짜 숫자를 알아보자.

(A)

```
      A B C
    × B A C
    -------
    * * * *
    * * A
* * * B
-----------
* * * * * *
```

(B)

```
      * * *
    × * 2 *
    -------
      * * *
  * * * *
  * 8 *
-----------
* * 9 * 2 *
```

(C)

```
                        * * 7 * *
* * * * 7 * ) * * 7 * * * * * * *
              * * * * * *
              -----------
              * * * * 7 7 *
              * * * * * * *
              -------------
                  * 7 * * * *
                  * 7 * * * *
                  -------------
                  * * * * * * *
                  * * * * 7 * *
                  -------------
                      * * * * * *
                      * * * * * *
```

(D) 아래 문제의 답은 네 가지가 있다.

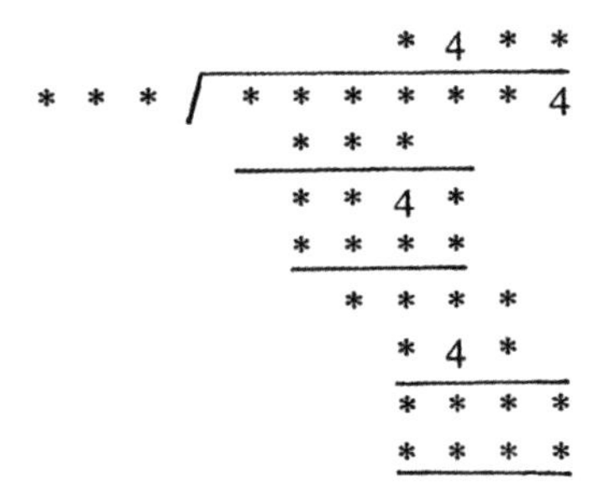

(E) 답이 두 가지가 있다.

D O + R E = M I
F A + S I = L A
R E + S I + L A = S O L

(F) 제수가 몇 자리 수인지 주어지지 않았어도, 이 쉬운 나눗셈의 답은 하나뿐이다.

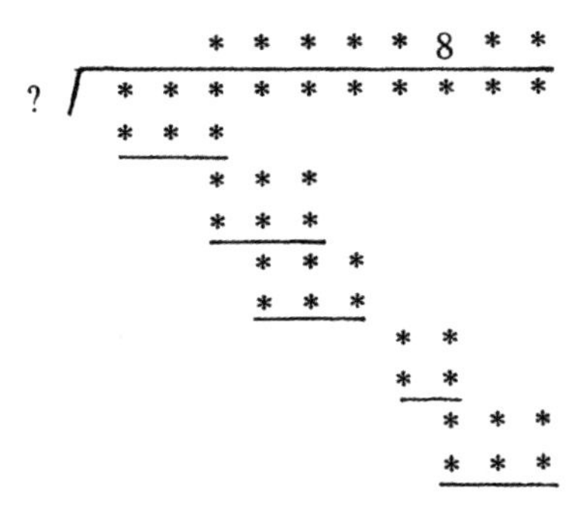

(G)

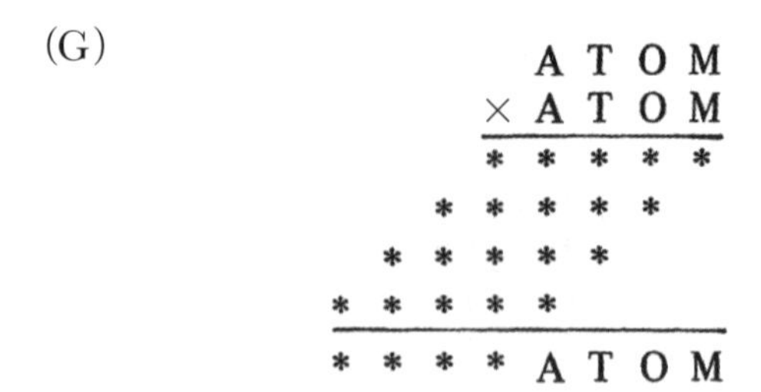

소수 퍼즐

다음의 놀라운 숫자 퍼즐에서 각 숫자는 소수(2, 3, 5, 7 중 하나)다. 어떤 알파벳이나 숫자 힌트도 주어져 있지 않지만, 답은 하나뿐이다. 무엇일까?

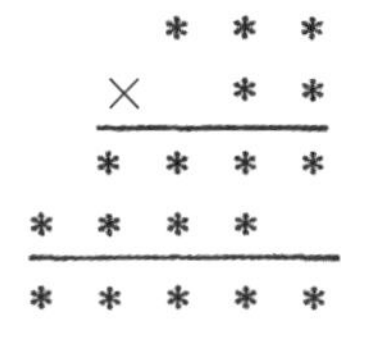

THE MOSCOW PUZZLES **276** MATHEMATICAL RECREATIONS

걸어서, 차로

기술자가 매일 열차를 타고 직장이 있는 도시로 통근을 한다. 아침 8시 30분에 열차에서 내리면 기다리던 차가 태워 공장으로 데려간다. 어느 날 기술자가 아침 7시에 열차에서 내려 공장으로 걸어가기 시작했다. 도중에 차가 그를 태웠고, 그는 10분 일찍 공장에 도착했다. 기술자는 언제 차에 탔을까?

THE MOSCOW PUZZLES **277** MATHEMATICAL RECREATIONS

3명의 그리스 철학자

3명의 고대 그리스 철학자가 나무 아래서 낮잠을 자고 있었다. 그때 한 장난꾸러기가 철학자들의 얼굴에 숯으로 낙서를 했다. 잠에서 깨서 철학자들은 웃기 시작했고, 제각기 다른 두 사람이 서로를 보면서 웃는 거라고 생각했다.

그러다 1명이 웃음을 멈췄다. 그는 자신의 얼굴에도 낙서가 있다는 걸 어떻게 알았을까?

모순에 의한 증명

A와 B 두 진술이 상호 배타적일 때는 하나만이 진실이다. B가 거짓임을 증명해 A가 진실임을 입증하는 것을 모순에 의한 증명(귀류법)이라고 한다.

예: 두 수의 합이 75다. 첫 번째 수는 두 번째보다 15 더 크다. 귀류법을 이용해 두 번째 수가 30임을 증명하라.

답: 두 번째 수가 30이 아니라고 해보자. 그러면 30보다 크거나 작을 것이다. 30보다 크다면, 첫 번째 수는 45보다 커야 한다. 그러면 합이 75를 넘기에 이는 불가능하다. 두 번째 수가 30보다 작으면 첫 번째 수는 45보다 작고, 두 수의 합은 75보다 작아진다. 그러므로 이 상황도 불가능하다. 따라서 두 번째 수는 30이다.

(A) 두 정수의 곱이 75보다 크다. 그러면 최소한 하나의 정수가 8보다 크다는 것을 귀류법으로 증명해보자.

(B) 임의의 두 자리 수를 5와 곱하면 두 자리 수가 된다. 이 수의 첫 번째 자리가 1임을 귀류법으로 증명해보자.

가짜 동전 찾기

(A) (쉬운 문제) 똑같은 액면가의 동전 9개 중에서 8개는 무게가 같고, 가짜인 1개는 다른 것들보다 가볍다. 무게추 없이 양팔저울에 딱 두 번만 달아서 가짜를 찾아라.

(B) (중간 난이도) 같은 문제를 동전이 총 8개인 경우로 설명하라.

(C) (어려운 문제) 동전 12개 중에서 11개는 무게가 같고, 가짜는 더 가볍거나 무겁다. 양팔저울에 세 번 달아서 어느 것이 가짜이고, 가짜가 더 무거운지 또는 가벼운지 판별하라.

(D) ((D), (E)는 독자 혼자 풀어보는 문제) 저울에 세 번 달아 13개의 기계 부품 중에서 무게가 다른 것이 있는지, 있다면 더 무거운지 가벼운지 알아보는 법을 설명해보자. 단 표준 무게의 열네 번째 기계 부품이 제공된다.

(E) $\frac{1}{2}(3^n-1)$개의 기계 부품을 저울에 n번 다는 (D) 문제에 대한 일반 해법을 찾아보라(단 표준 무게 부품 하나가 추가로 제공된다).

다섯 가지 질문

수학적 명제는 완전해야 하지만, 그렇다고 불필요한 말까지 더 들어갈 필요는 없다. 간결성과 정확성은 수학적 언어의 독특하고 유쾌한 특성이다.

(A) 다음 명제에서 불필요한 단어를 찾을 수 있겠는가?

① 직각삼각형에서 두 예각의 합은 90°다.

② 직각삼각형의 높이가 빗변의 절반이면 맞은편 예각은 30°다.

(B) 다음을 뜻하는 단어를 찾아라.

① 원 바깥에 있지 않은 분할선

② 변이 최소 개수로 있는 다각형

③ 원의 중심을 지나는 현

④ 밑변의 길이가 다른 변들과 같은 이등변삼각형

⑤ 중심을 공유하는 원들

(C) 다음의 삼각형 ABC에서 AB = BC이고 AD = DC다. 선분 BD를 부르는 이름을 최소한 3개 이상 답해보라.

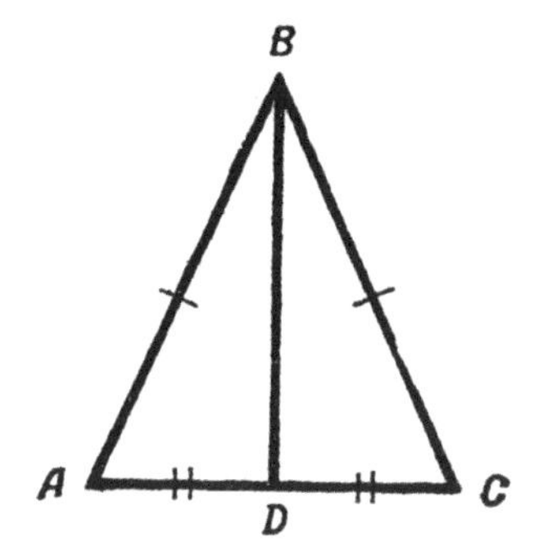

(D) 다음은 7개의 서로 연관된 단어다.

평행사변형, 기하학적 도형, 정사각형, 다각형, 평면도형, 마름모, 볼록사각형(내각이 전부 180° 보다 작은 사각형-옮긴이).

각 단어가 포괄하는 개념의 범위가 큰 것부터 작은 순으로 배열해보자.

(E) 볼록다각형의 외각의 합은 360° 다. 볼록다각형에서 예각인 내각의 최대 개수는 몇 개일까?

방정식 없이 추론하기

대수학적으로 보이는 문제도 가끔은 논리로 풀 수 있다.

(A) 역순으로 읽으면 바로 읽었을 때보다 $4\frac{1}{2}$배 커지는 두 자리 수가 있다. 이 수는 무엇일까?

① 이 수는 두 자리 수이므로 9보다 크다.

② $23 \times 4\frac{1}{2}$은 100보다 크므로 이 수는 23보다 작다.

③ $4\frac{1}{2}$을 곱했을 때 정수이므로, 이 수는 짝수다.

④ 역순으로 읽은 수가 원래 수의 $\frac{9}{2}$배이므로, 역순으로 읽은 수는 9로 나누어질 것이다.

⑤ 역순으로 읽은 수와 같은 숫자로 이루어져 있으므로, 이 수 역시 9로 나누어질 것이다.

(B) 4개의 연속된 정수를 곱하자 3,024가 되었다. 이 정수들은 무엇일까?

① 4개 중 어떤 정수도 10은 아니다. 10이면 곱이 0으로 끝났을 것이다.

② 최소 정수 하나는 10보다 작다. 안 그러면 곱이 최소 다섯 자리다.

③ 그러면 4개의 정수 모두 10보다 작을 것이다.

④ 4개 중 어떤 정수도 5가 아니다. 5면 곱이 5나 0으로 끝난다.

아이의 나이

한 아이의 나이에 3을 더하면 어떤 정수의 제곱이 된다. 아이의 나이에서 3을 빼면, 그 값은 앞에서 구한 값의 제곱근이 된다.

아이는 몇 살일까? 차가 3 외에 비슷한 경우를 찾아보자.

네 또는 아니오

친구에게 1부터 1,000 사이의 수를 하나 고르라고 하자. 네 또는 아니오로 답할 수 있는 질문 10개를 던져서 이 수를 찾아야 한다. 어떤 질문을 해야 할까?

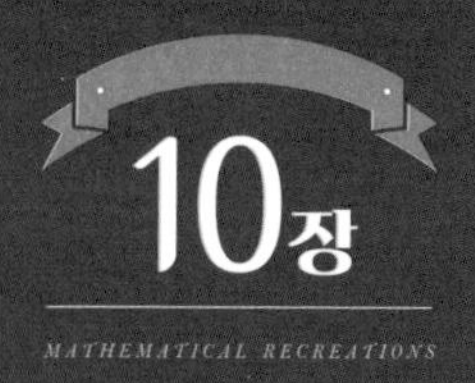

MATHEMATICAL RECREATIONS

수학 게임과 트릭

게임 이론 Game Theory

한 사람이 한 행동이 이후 다른 사람의 행위에 어떻게 영향을 미치는지 알아보는 게임 이론을 이용한 수학 문제와 간단한 수학적 책략으로 상대의 수를 읽는 문제들이 준비되어 있다. 이를 이용하면 사람을 더 잘 파악하게 되지 않을까?

성냥 11개

탁자 위에 성냥(또는 다른 물건) 11개가 있다. 2명의 참가자 중 첫 번째 참가자가 1개나 2개, 또는 3개의 성냥을 집는다. 다른 참가자도 1개나 2개, 3개의 성냥을 집을 수 있다. 이런 식으로 진행하다가 마지막 성냥을 집는 사람이 지는 것이다.

(A) 첫 번째 참가자가 항상 이길 수 있는가?

(B) 성냥이 11개가 아니라 30개가 있다면, 첫 번째 참가자가 항상 이길 수 있을까?

(C) 성냥이 n개 있고 한 번에 1개부터 p개(p는 n 이하의 값)까지 집을 수 있는 경우로 일반화할 때, 첫 번째 참가자가 항상 이길 수 있을까?

THE MOSCOW PUZZLES **285** MATHEMATICAL RECREATIONS

마지막 집는 자가 승자

성냥 30개 중에서 1개부터 6개 사이를 집을 수 있다고 하자. 상대방도 1개부터 6개 사이로 집을 수 있고, 이런 과정이 번갈아 반복된다. 마지막 성냥을 집는 사람이 이긴다고 할 때, 어떻게 해야 마지막 성냥을 집을 수 있을까?

THE MOSCOW PUZZLES **286** MATHEMATICAL RECREATIONS

짝수가 이긴다

성냥 27개가 전부 없어질 때까지 두 참가자가 1개부터 4개 사이로 성냥을 집어간다. 당신이 첫 번째다. 이기기 위해서 당신은 마지막에 짝수 개 성냥을 집어야 한다.

어떻게 이 게임에서 이길 수 있을까?

와이토프 게임

[이 게임은 1907년에 W. A. 와이토프Wythoff가 개발했다. 하지만 그는 일찍부터 중국에서 찬시지(돌 줍기)라는 이름의 놀이로 이 게임을 해왔음을 몰랐던 것 같다.-마틴 가드너]

돌멩이(또는 다른 물건) 두 더미가 있다. 참가자들은 번갈아가며 돌멩이를 가져간다.

① 한쪽 더미에 있는 돌멩이를 몇 개든, 심지어는 전부 다 가져갈 수 있다. 또는
② 양쪽 더미의 돌멩이를 다 가져갈 수 있지만, 각 더미에서 똑같은 개수만큼 가져가야 한다.

마지막 돌멩이를 가져가는 사람이 이긴다.

이기는 방법 중에는 (마지막 당신의 차례에서 선택 전에 남은 돌멩이의 수를 셌을 때 - 편집자) (1, 0)(첫 번째 더미에 1개가 남고 두 번째 더미에 0개가 남은 상태) 또는 (n, n)이 있다. 이때 당신은 전자의 경우에는 돌멩이 1개(1번 규칙)를 가져가고, 후자의 경우에는 2n개(2번

규칙)를 가져가면 된다.

(1, 2)(첫 번째 더미에 1개, 다른 더미에 2개 남은 상태 - 편집자)는 지는 방법이다. 아래 표는 이 상황에서 A에게 가능한 네 가지 선택 후 B의 경우를 보여준다. 매번 B는 남은 돌멩이를 전부 다 가져갈 수 있다.

	①		②		③		④	
	A	*B*	*A*	*B*	*A*	*B*	*A*	*B*
첫 번째 더미	0	0	1	0	1	0	0	0
두 번째 더미	2	0	0	0	1	0	1	0

예를 들어 세 번째 선택에서 A는 두 번째 더미에서 돌멩이 하나를 가져간 것이다(1번 규칙). 그다음으로 B는 양쪽에 남은 돌멩이를 모두 가져갔다(2번 규칙).

(1, 2)는 진다고 해도 (1, 0)과 (1, 1)뿐만 아니라 다른 (1, n)은 전부 이긴다. (1, n)인 경우 A는 그저 두 번째 더미에서 (n-2)개의 돌멩이를 가져와서 (1, 2)를 상대에게 남기기만 하면 된다.

(1, 2) 말고 또 지는 경우가 있을까?

어떻게 이길까

아래 그림과 같이 8개로 된 네모 칸 중 (d), (f), (h) 칸에 체커 말이 놓여 있다. A나 B는 체커 말을 왼쪽 아무 칸에나(비었든 비지 않았든) 놓을 수 있고, 심지어는 다른 말 위에 쌓을 수도 있다. 마지막 말을 (a)칸에 놓는 사람이 이긴다.

그러면 먼저 시작한 A가 항상 이길 수 있다. 왜 그런지 설명해 보자.

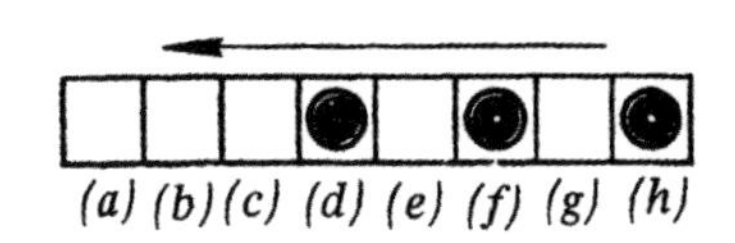

(이 문제에 대한 답은 이 책의 '해답'에 실려 있지 않다.)

정사각형 만들기

각 참가자들은 18개의 다양한 마분지 조각들을 받는다(그림 (a)에서 배부되는 각각의 모양과 개수를 알 수 있다).

6×6 정사각형 판에 이 조각들을 붙여 2×2 정사각형으로 만드는 방법은 여러 가지다(그림 (b) 참조).

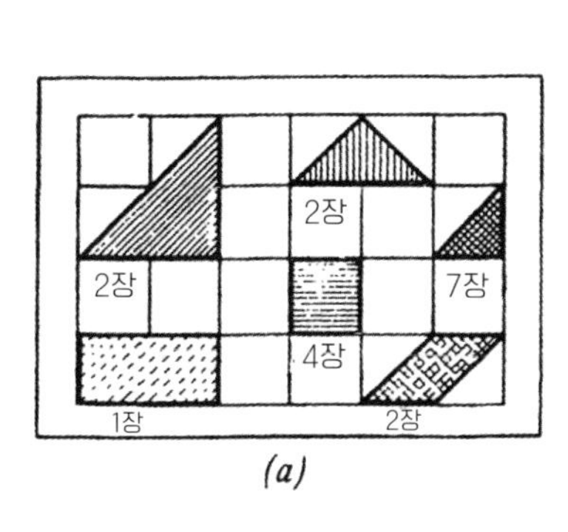

(a)

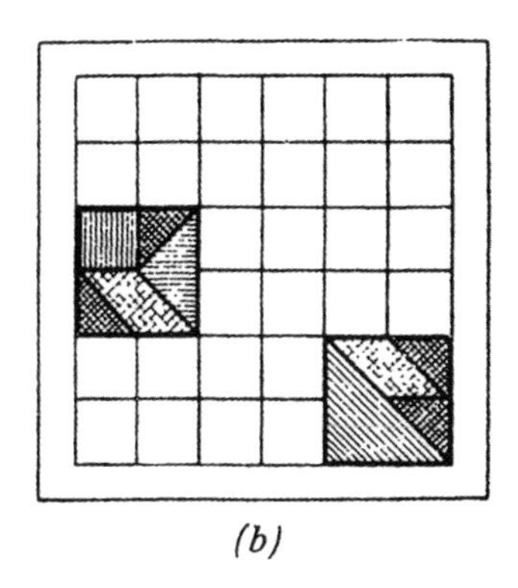
(b)

참가자들은 판에 조각을 하나씩 놓아야 한다. 다른 조각을 움직이거나 겹치게 놓아서는 안 된다. 가장 많은 2×2 정사각형을 만든 사람이 이긴다(최대 개수는 4개다).

(이 문제에 대한 답은 이 책의 '해답'에 실려 있지 않다.)

누가 먼저 100에 도달할까

이 게임은 A가 7을 외치고, B가 12를 외치고, A가 22를, B가 23을 외치는 식으로 계속 진행된다. 각 차례에서 참가자는 1부터 10 사이의 아무 수만큼 앞의 수에 더해 부를 수 있다.

최종적으로 100을 외치는 사람이 이긴다면 A는 어떻게 해야 할까?

정사각형 게임

홀수 개의 작은 정사각형 칸들로 만들어진 격자무늬 그래프 도형이 이 게임의 경기장이다. 도형의 진한 부분은 이미 그려져 있는 것으로 친다. 2명의 참가자는 번갈아가며 작은 정사각형의 각 변에 표시를 한다.

정사각형의 네 번째 변을 긋는 사람이 그 칸을 차지하고(자신의 이니셜을 쓴다), 추가로 선을 하나 더 그릴 수 있다. (*a*)부터 (*h*)까지 모든 칸의 주인이 결정되면 게임이 끝나며 가장 많은 칸을 차지한 사람이 이긴다.

게임의 이론은 복잡하다. 일반적인 전략은 알려져 있지 않지만, 간단한 움직임 몇 가지로 당신이 우위에 설 수 있다.

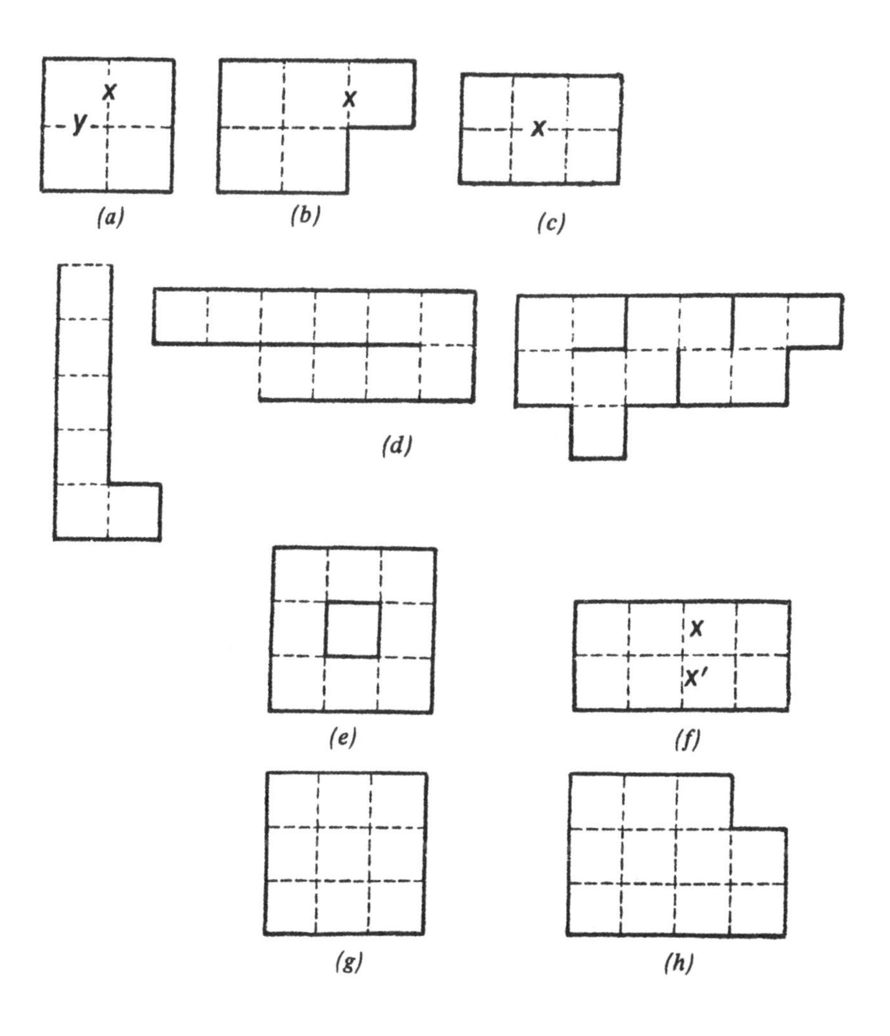

(a) (b) (c) (d) (e) (f) (g) (h)

(A) 2×2 정사각형을 제일 먼저 시작하는 사람은 4개의 정사각형을 전부 잃는다. 어떤 선을 그리든(x) 상대방이 적절한 y선을 그려서 정사각형을 차지하고, 다음 2개의 선까지 갖는다(그림 (a)에서 반시계방향을 따라가라).

(B) 그림 (b)의 도형도 역시 나쁘다. A가 x를 제외한 어떤 선에 표시하든 5개의 정사각형을 전부 잃는다. x에 표시하면 최소한 1개의 칸은 차지할 수 있지만, 그다음 선을 또 표시해야 하기 때문에 결국 (a)처럼 2×2 정사각형을 시작하게 된다.

(C) A는 그림 (c)에서 6개의 정사각형을 전부 차지할 수 있지만, 이는 x에서 시작할 때만 가능하다.

(D) 정사각형 1개의 폭을 가진 수로 형태의 그림 (d)는 아무리 꼬여 있어도 A가 다 차지할 수 있다. 그러나 수로가 완전한 칸 하나를 둘러싸고 있으면(그림 (e)), B가 모든 칸을 차지한다.

(E) 그림 (f)에서 A가 x나 x'에서 처음 시작한다면 4개의 칸을 차지할 수 있다. 다른 선부터 시작하면 진다.

요령은 경기장을 더 단순한 도형으로 쪼개고, 어느 것부터 시작할지, 또 어느 것은 손대지 않아야 할지를 결정하는 데 있다.

그림 (*g*)에서 A는 어디에서 처음 시작해야 최소한 8개의 칸을 차지할 수 있을까? 또 독자 스스로 A가 그림 (*h*)에서 어디서 처음 시작해야 할지 생각해보라. A는 몇 개의 칸을 차지할 수 있을까?

THE MOSCOW PUZZLES 292 MATHEMATICAL RECREATIONS

전통놀이 만칼라

만칼라는 아프리카에서 옛날부터 하던 전통놀이다. 만칼라의 어느 변형판에서는 12개의 '구멍'에 각각 공 4개씩을 넣은 채로 시작한다.

[만칼라에 대한 완벽한 설명을 보고 싶다면, H. J. R. 머레이의 《보드게임의 역사A History of Board-Games》(뉴욕: 옥스퍼드 대학 출판, 1952)의 7, 8장을 보라.-마틴 가드너]

1명의 참가자(P)는 *AF*쪽에, 다른 참가자(p)는 *af*쪽에 앉는다.

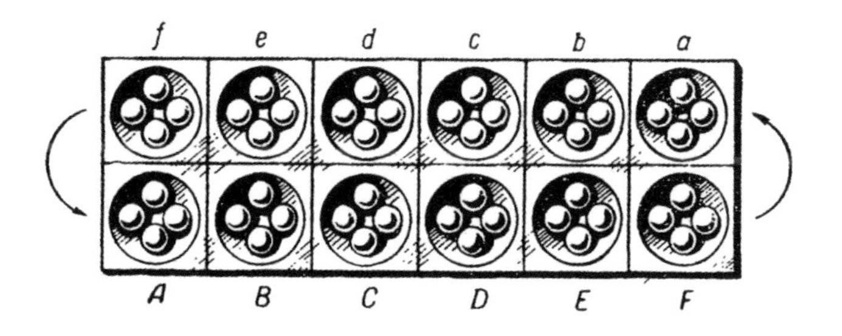

게임은 자기 쪽 구멍 하나에서 공을 전부 빼내고, 이를 옆에 있는 구멍에 1개씩 재배치하는 방식으로 이루어진다(구멍의 순서는 *ABCDEFabcdef* 로 반시계방향이다). P가 *D* 구멍을 비우고 그 공을 각각 *E*, *F*, *a*, *b*에 넣었다고 해보자. 그다음 p가 *a*(이제 5개의 공이 들어 있다)를 비워서 *b*, *c*, *d*, *e*, *f* 에 재배치한다. 그러면 공의 위치는 다음과 같다.

f	*e*	*d*	*c*	*b*	*a*
5	5	5	5	6	0
4	4	4	0	5	5
A	*B*	*C*	*D*	*E*	*F*

한 구멍에서 12개나 그 이상의 공을 꺼냈다면 공을 넣을 차례가 돌아왔을 때 이 구멍은 건너뛴다. 열두 번째 공은 다음 구멍으로 들어간다.

각 참가자는 상대방의 마지막 구멍(*f*나 *F*)에 자신의 마지막 공을 넣어서 그 구멍에 2개나 3개의 공이 있도록 만들어야 한다. 이때 상대방 쪽 마지막 구멍에 연달아 있는 구멍들에 공이 2개나 3개 들었다면, 마지막 구멍과 그 인접 구멍들의 모든 공을 전리품으로 가질 수 있다. 예를 들자면 이런 식으로 움직이게 된다.

f	*e*	*d*	*c*	*b*	*a*
2	1	2	3	1	2
0	0	0	0	0	6
A	*B*	*C*	*D*	*E*	*F*

(A) P가 F에서 공을 움직인다(그가 취할 수 있는 유일한 방법이다).

f	e	d	c	b	a
3	2	3	4	2	3
0	0	0	0	0	0
A	B	C	D	E	F

P의 마지막 공이 f에 들어가며 그 3개의 공은 P의 전리품이 된다. 또 e의 2개와 d의 3개 공도 모두 P의 것이다(c를 건너뛰고 b와 a로 갈 수는 없다).

P는 8개의 공을 얻는다.

(B) 다음과 같은 상황을 생각해보자.

f	e	d	c	b	a
0	1	2	0	1	2
1	0	0	0	7	7
A	B	C	D	E	F

P는 F의 공을 움직이지만 아무것도 못 얻는다. 그의 마지막 공이 자기 쪽 A에 들어갔기 때문이다. E에서도 아무것도 얻지 못한다. 그의 마지막 공이 f에 들어갔지만, 그 구멍에 공이 2개나 3개가 있지 않기 때문이다.

(C) 다음 그림을 보면 빈 구멍도 안전을 보장해주지는 않는다는 것을 알 수 있다.

f	e	d	c	b	a
0	0	0	0	0	0
1	0	0	0	0	17
A	B	C	D	E	F

p쪽에 있는 모든 구멍이 비어 있지만, P는 12개의 공을 얻는다. F에서 P의 움직임은 다음과 같이 전개된다.

f	e	d	c	b	a
2	2	2	2	2	2
2	1	1	1	1	0
A	B	C	D	E	F

마지막 공이 f에 들어가고 P는 p쪽에 있는 모든 공을 차지한다.

참가자들이 더 이상 전리품으로 얻을 공이 충분하지 않다는 데 동의하거나 더 이상 움직일 수 없을 때 게임이 끝난다.

(이 문제는 이 책의 '해답'에 답이 실려 있지 않다.)

293

기하학적 '소멸'

이는 대부분의 사람이 설명하기 어려워하는 재미있는 그림 패러독스다. 아래 그림의 일부를 움직이면 당신의 눈앞에서 선이 하나 없어진다!

첫 번째 그림처럼 13개의 선을 그리고 MN을 따라 자른다.

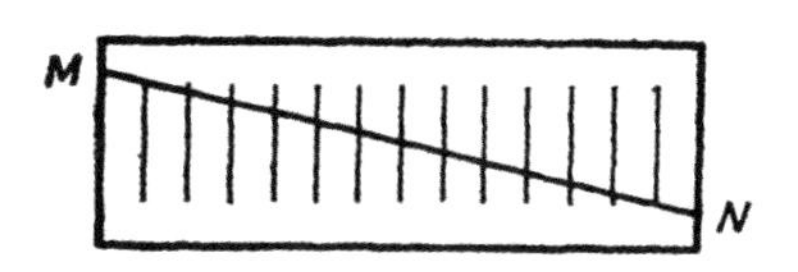

위쪽 조각을 왼쪽으로 선 1개만큼 움직인다.

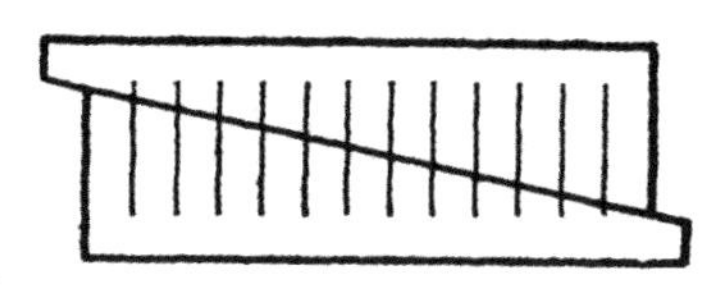

잠깐! 열세 번째 선은 어디로 갔을까?

유사 마방진

유사 마방진(almost magic square)은 가로와 세로열(대각선 제외)의 합이 일정한 수가 되는 것이다. 이 게임은 혼자서 할 수도 있고 여럿이 할 수도 있다.

다음 세 가지 예를 보자.

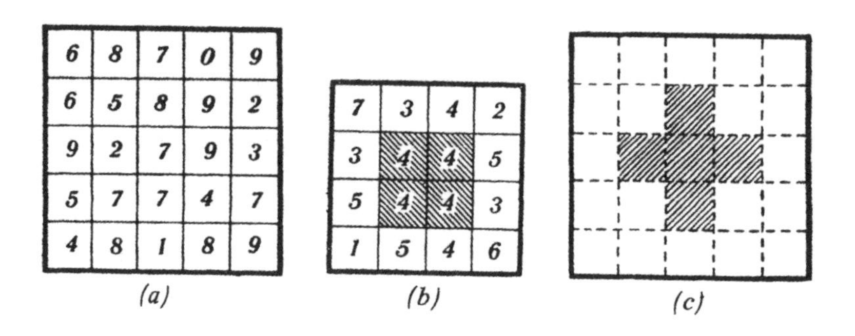

6	8	7	0	9
6	5	8	9	2
9	2	7	9	3
5	7	7	4	7
4	8	1	8	9

(a)

7	3	4	2
3	4	4	5
5	4	4	3
1	5	4	6

(b)

(c)

그림 (*a*)에서 참가자들은 5×5 네모칸을 그리고 0부터 9까지의 숫자를 최소한 한 번 이상은 사용해서 25개의 칸을 채운다. 이 예로 든 유사 마방진의 마법수는 30이다.

(힌트: 숫자를 지우면서 다시 쓰기보다는 보드지로 각 숫자판을 만들어 움직이는 것이 더 편리하다.)

그림 (*b*)에서 참가자들은 16칸짜리 네모를 그린다. 1부터 7까지의 숫자를 최소한 한 번 이상은 사용해서 가로줄과 세로열뿐만 아니라 가운데 빗금 친 칸들을 더해도 일정한 수가 되도록 한다 (이 그림에서 마법수는 16이다).

(힌트: 게임의 승자는 가장 높은 마법수를 만든 사람이다.)

이번에는 독자 스스로 0부터 8까지의 숫자를 최소한 한 번 이상은 사용해서(하지만 0과 6은 한 번씩만 사용한다) 그림 (c)의 칸을 채워보라. 가운데 빗금 친 다섯 칸을 합해도 똑같은 마법수가 되어야 한다.

(이 문제는 이 책의 '해답'에 답이 실려 있지 않다.)

THE MOSCOW PUZZLES 295 MATHEMATICAL RECREATIONS

숫자 크로스워드 퍼즐

이 퍼즐은 크로스워드와 비슷하지만, 가로와 세로의 열쇠가 단어가 아니라 수를 가리킨다. 굵은 줄(검은색 칸 아님)은 수가 끝나는 지점을 가리킨다.

(A) 처음 2개의 그림을 보자.

[1]		[2]	[3]
[4]	[5]		
[6]			[7]
[8]		[9]	

[1] 3	0	[2] 8	[3] 7
[4] 4	[5] 5	6	7
[6] 3			[7]
[8]		[9]	

가로

① 연속적으로 증가하는 숫자 4개로 이루어진 수와, 이를 역순으로 쓴 수의 차

④ 연속적으로 증가하는 숫자들로 이루어진 수

⑥ 세로 ③과 가로 ⑧의 곱

⑧ 소수

⑨ 13의 배수

세로

① 가로 ①에 있는 어느 숫자의 세제곱

② 가로 ①을 제곱한 후 세로 ⑦과 곱한 수(마지막 세 자리)

③ 가로 ⑥을 가로 ⑧로 나눈 수

⑤ 3개의 연속적인 숫자들

⑦ 세로 ③의 인수와 가로 ①의 인수의 곱

시작해보자. 가로 ①의 답이 하나뿐이라는 사실에 좀 놀랄지도 모르겠다. 당신이 1,234와 4,321의 차를 구하든 6,789와 9,876의

차를 구하든 답은 3,087이다. 몇 개의 답을 오른쪽 그림에 써놓았다. 계속 풀어보자.

(B) 이제 다음 그림을 보고 새로운 문제를 풀어보자.

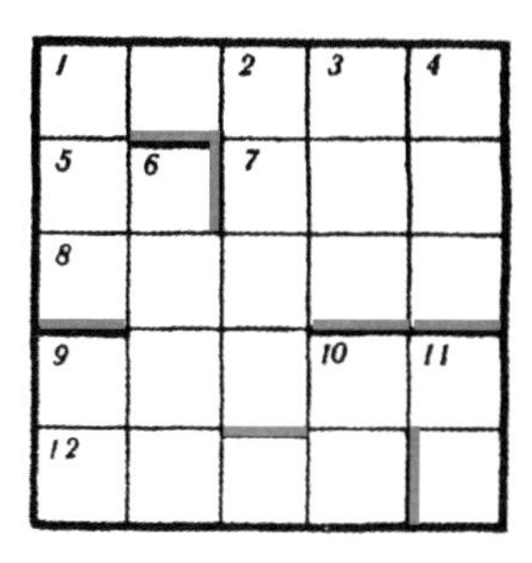

가로

① 5개의 서로 다른 숫자로, 가로 ⑧과 겹치는 숫자가 없다(가로 ⑧도 5개의 서로 다른 숫자로 이루어져 있다)

⑤ 세로 ③의 인수 중 가장 큰 두 자리 수

⑦ 세로 ③을 역순으로 쓴 수

⑧ 가로 ①을 볼 것

⑨ 가로 ①과 가로 ⑧의 합의 9분의 1

⑫ 두 자리 소수 3개의 곱으로, 그중 2개는 세로 ⑥의 인수다

세로

① 첫 자리 숫자가 다음에 오는 두 숫자의 합과 같다

② 18세기 하반기에 있는 연도

③ 가로 ①과 가로 ⑧의 차

④ 처음 두 자리 숫자의 곱이 마지막 자리의 숫자다

⑥ 역순으로 쓴 수가 세로 ③의 배수이자, 두 자리 소수 3개의 곱이다

⑨ 세로 ⑥의 인수이지만 세로 ③의 인수는 아니다

⑩ 가로 ⑤와 같다

⑪ 세로 ③의 가장 작은 두 자리 인수

(C) 마지막 문제를 풀어라.

1	2		3	■	4
5		■	6	7	
■	8	9	■		■
10			11		12
13		■	14		
	■	15			

가로

① 소수의 제곱

⑤ 세로 ⑩과 세로 ⑪의 최대공약수의 절반

⑥ 제곱의 세제곱

⑧ 가로 ①의 제곱근

⑩ 대칭적인 제곱(왼쪽에서 오른쪽으로 읽을 때와, 오른쪽에서 왼쪽

으로 읽을 때가 똑같다)

⑬ 세로 ⑨보다 1 큰 수

⑭ 가로 ⑧보다 다섯 배 큰 수

⑮ 가로 ⑬보다 1 큰 수의 제곱

세로

① 2, 3, 4, 5, 6으로 나누면 나머지가 각각 1, 2, 3, 4, 5가 되는 수 중에서 가장 작은 정수보다 8 작은 수

② 각 자리 숫자의 총합이 29인 수

③ 소수

④ 세로 ⑪의 소인수

⑦ 가로 ⑮의 10분의 1과 가로 ⑬의 곱의 네 배

⑨ 세로 ④의 두 배

⑩ 세로 ⑪을 역순으로 쓴 수

⑪ 가로 ⑩의 제곱근

⑫ 가로 ⑬의 가장 큰 소인수의 배수

'생각한' 수 추측하기

일곱 가지 요령을 설명하겠다.

(A) 수를 하나 생각한다. 1을 뺀다. 그 결과를 두 배 하고 '생각한' 수를 더한다. 그 결과를 내게 말해주면 난 원래의 수를 알아낼 수 있다.

방법: 결과에 2를 더한 다음 3으로 나눈다. 나눈 몫이 '생각한' 수다.

예: '생각한' 수가 18이라면 $18-1=17$. $17\times2=34$. $34+18=52$.

내 계산: $52+2=54$. $54\div3=18$.

증명: '생각한' 수를 x라고 하자.

$x-1$을 한 다음, $2(x-1)+x=3x-2$다. 여기에 2를 더하면 $3x$가 되고 이것을 3으로 나누면 x다.

(B) 친구에게 수를 하나 생각하게 한다. 여기다 당신이 무작위로 부르는 수들을 곱하거나 나누라고 하고, 결과는 당신에게 말하지 말라고 한다. 그런 다음 그 수를 '생각한' 수로 나누고, '생각한' 수를 더하라고 시켜라. 그 결과를 들으면 당신은 즉시 '생각

한' 수를 알 수 있다.

요령은 간단하다. 그가 곱하고 나누는 동안 당신도 똑같이 하면 된다. 다만 당신은 1로 시작한다. 아무리 많이 곱하거나 나누어도 그의 답은 당신의 답에 '생각한' 수를 곱한 만큼이다. 그가 결과를 '생각한' 수로 나누면, 그의 답은 당신의 답과 같아진다.

그런 다음 '생각한' 수를 더해서 그 결과를 말하면, 그는 당신의 결과에 '생각한' 수를 더한 수를 부르는 셈이다. 당신의 결과만 빼면 그가 생각한 수가 나온다.

(C) 임의의 홀수 n에서 $\frac{1}{2}(n+1)$을 n의 '큰 부분'이라고 부르자. 이에 따르면 13의 큰 부분은 7이고, 21의 큰 부분은 11이 된다.

수를 하나 생각해보자. 여기에 이 수의 절반을 더하거나, 홀수인 경우에는 이 수의 큰 부분을 더한다. 그런 다음 그 합의 절반을 다시 더하거나, 합이 홀수인 경우에는 합의 큰 부분을 더한다. 이를 9로 나누고 그 몫이 얼마인지 말한다. 나머지가 있는지, 나머지가 5보다 큰지 같은지 작은지도 말한다.

'생각한' 수는 앞에서 구한 몫의 네 배에 다음의 수를 더한 것이다.

나머지가 없으면 0

나머지가 5보다 작으면 1

나머지가 5이면 2

나머지가 5보다 크면 3

예: '생각한' 수가 15라면 15 + 8 = 23, 23 + 12 = 35, 35 ÷ 9 = 3(나머지 8)이다. 그러면 이렇게 말한다. "몫은 3이고 나머지는 5보다 커."
당신의 생각: (3 × 4) + 3 = 15. 이것이 '생각한' 수다.

이를 대수학을 이용해서 증명해보라.
(힌트: '생각한' 수는 전부 다 4n, 4n + 1, 4n + 2, 4n + 3으로 표현될 수 있다. 이때 n은 0이나 양의 정수다.)

(D) 다시금 수를 하나 생각하고, 그 절반을 더하라(혹은 큰 부분을 더하라). 합에 절반을 다시 더하라(혹은 큰 부분을 더하라). 앞의 (C)처럼 9로 나누는 대신에 딱 한 자리의 숫자만 빼고, 답의 모든 자리의 숫자를 각 숫자가 어느 자리인지까지 말해준다(단 0을 감춰서는 안 된다). 그리고 중간의 특정 단계에서 큰 부분을 사용했는지 어떤지도 말해야 한다.

예: 28 + 14 = 42, 42 + 21 = 63. 3을 감춘다.
"첫 번째 자리는 6이고 큰 부분은 사용하지 않았어."

'생각한' 수를 찾기 위해서는 밝힌 숫자들을 더하고 거기에 다음의 수를 더하라.

큰 부분이 전혀 사용되지 않았으면 0
큰 부분이 첫 번째 단계에서만 사용되었으면 6
큰 부분이 두 번째 단계에서만 사용되었으면 4
큰 부분이 두 번 사용되었으면 1

합을 그 바로 위 9의 배수에서 빼라. 그 결과가 감춰진 숫자다.

이제 답을 알아냈으니까 이것을 9로 나눠라. 나머지는 버리고 (C)에서처럼 4를 곱한 후에 다음 숫자를 더한다.

9로 나누었을 때 나머지가 없으면 0
나머지가 5보다 작으면 1
나머지가 5이면 2
나머지가 5보다 크면 3

예: "첫 번째 자리는 6이고 큰 부분은 사용하지 않았어." 9에서 6을 뺀다. 그는 3을 감추었고 답은 63이 된다. 이것을 9로 나누면 7이다(나머지는 없다). 여기에 4를 곱하는 것이다. 따라서 '생각한' 수는 28이다.

또 다른 예: '생각한' 수가 125이면 125+63=188, 188+94 = 282다. 처음의 2를 감추자. "둘째와 셋째 자리 숫자가 8과 2야. 큰 부

분은 처음에 더할 때 한 번 사용했어."

'생각한' 수를 찾기 위해서는 8과 2를 더하고, 큰 부분이 사용되었으니 6을 더한다. 16은 18보다 2가 작으므로 답은 282다.

이 값을 9로 나누면 31이다(나머지는 3). 여기에 4를 곱하고 1을 더하면 125가 된다.

큰 부분이 사용되었을 때에는 왜 6, 4, 1을 더할까?

(E) 1부터 99 사이의 수를 하나 생각하라. 이 수를 제곱하라. '생각한' 수에 임의의 수(얼마인지 말해야 한다)를 더하라. 합을 다시 제곱하고 두 제곱 사이의 차를 말하라.

'생각한' 수를 찾으려면 답의 절반을 앞에서 더한 임의의 수로 나누고, 더한 수의 절반을 빼면 된다.

예: $53^2=2{,}809$. "난 6을 더할 거야." $59^2=3{,}481$. $3{,}481-2{,}809=672$. "답은 672야."

'생각한' 수를 찾으려면 $336\div6=56$, $56-\frac{1}{2}(6)=53$.

이 방법이 맞는다는 것을 증명하라.

(F) 6부터 60 사이에서 수를 하나 생각한다. '생각한' 수를 3으로 나눈 후 나머지를 말한다. 또 4로 나눈 후, 5로 나눈 후의 나머지를 각각 말한다.

'생각한' 수를 찾기 위해서는 $(40r_3+45r_4+36r_5)$를 60으로 나눈다(r은 말한 숫자). 나머지가 0이면 '생각한' 수는 60이다. 아니면 나머지가 '생각한' 수다.

예: '생각한' 수는 14다. 나머지는 $r_3=2$, $r_4=2$, $r_5=4$다.

당신의 계산: $S=(40\times2)+(45\times2)+(36\times4)=314$, $314\div60=5$, 나머지는 14다. 따라서 '생각한' 수는 14다.

대수학으로 이를 증명하라.

(G) 앞 문제의 수학적 기반을 이해했다면, 이를 여러 가지로 응용할 수도 있다. 예를 들어 (F)에서 3, 4, 5 대신 8부터 105 사이의 수 중에서 '생각한' 수를 고르고 3, 5, 7을 이용할 수도 있다. 이렇게 하면 공식이 어떻게 바뀔까?

답: $70r_3+21r_5+15r_7$이 되고 r_3, r_5, r_7은 '생각한' 수를 3, 5, 7로 나눈 나머지다. '생각한' 수는 S를 105로 나눈 나머지와 같다(나머지가 0이면 105다).

질문하지 않고 알아내기

한 번도 질문하지 않고 '생각한' 수로 이리저리 계산한 결과를 알아내는 수학 규칙들이 있다.

(A) 친구의 '생각한' 수가 6이라면 친구에게 그 수에 4를 곱한 후 15를 더하라고 하되, 답은 말하지 말라고 한다. 그다음 3으로 나누라고 해보자(이제 13이 되었겠지만 당신에게 말하지는 않았을 것이다). 이 결과를 기억하라고 하자.

머릿속으로 내가 앞에서 말한 첫 번째 숫자(4)를 3으로 나눈다. $4 \div 3 = 1\frac{1}{3}$이다. 이제 친구에게 '생각한' 수에 $1\frac{1}{3}$을 곱한 후, 앞에서 구한 기억한 수에서 이 값을 빼라고 하라. 친구의 답은 뭘까?

머릿속으로 두 번째 숫자(15)를 3으로 나눠라. $15 \div 3 = 5$다. 그러면 단 한 번도 질문하지 않고서 친구의 답이 $[13 - (6 \times 1\frac{1}{3}) = 5]$라는 것을 알아낼 수 있다. 어떻게 이렇게 되는 걸까?

(B) 관객들은 각자 51부터 100 사이에서 수를 고른다. '마술사'인 당신은 1부터 50 사이의 수 하나를 써서 봉투에 넣고 봉한다.

머릿속으로 99에서 당신의 숫자를 빼라. 그 결과를 말하고, 관객에게 그 수에 각자의 숫자를 더한 다음, 합의 첫 번째 자리 숫자를 지우고, 그 결과에 지운 첫 번째 자리 숫자를 더하라고 말한다. 그 답을 그들이 '생각한' 수에서 뺀다.

그들은 모를 테지만, 최종 답은 전부 같고 봉투 안을 들여다보면 당신이 그 답을 미리 써놓았다는 것을 알게 된다. 어떻게 한 걸까?

THE MOSCOW PUZZLES 298 MATHEMATICAL RECREATIONS

누가 얼마를 가져갔을까

당신이 등을 돌리고 있는 동안 A가 수 n을 생각하고 4n개의 동전(또는 다른 물건)을 동전더미에서 가져간다. B는 7n을, C는 13n을 가져간다. C가 A와 B에게 각자가 이미 갖고 있는 만큼의 동전을 준다. B도 A와 C에게 똑같이 하고, A도 똑같이 한다.

셋 중 1명에게 동전을 몇 개 갖고 있느냐고 물어보자. 그 값을 2로 나누면 A가 처음에 얼마나 가져갔는지 답이 나온다. A가 가져간 양을 4로 나누고 거기에 7을 곱하면 B가 얼마나 가져갔는지를 알 수 있다. 또 B가 가져간 양을 7로 나누고 13을 곱하면 C가 얼마나 가져갔는지를 알 수 있다. 이를 설명하라.

세 번의 시도

2개의 양수를 생각하고, 두 수의 합을 두 수의 곱에 더한 후 답을 말한다. 높이뛰기 선수들이 몇 번의 시도 끝에 성공하는 것처럼 나 역시 당신이 '생각한' 숫자를 단번에 맞힐 수는 없을지 모르지만 추측을 해보겠다.

내 방법은 간단하다. 당신의 결과에 1을 더한다. 그런 다음 그 값을 모든 약수 쌍으로 분리하고(1과 원래 수 쌍만 빼고), 각각의 약수에서 1을 뺀다. 이렇게 하면 이 수들의 쌍 중 하나가 당신이 '생각한' 수다.

만약 한 쌍만 나온다면 당신의 숫자를 단번에 추측할 수 있다. 예를 들어 당신이 4와 6을 생각했다고 해보자. 그 합(10)에 곱(24)을 더하면 34다. 여기에 1을 더하면 35가 된다. 35의 약수 쌍은 (5×7)뿐이니까 당신의 원래 숫자는 5 - 1 =4와 7 - 1 =6임을 알 수 있다. 이 방법이 옳음을 증명해보라.

연필과 지우개

나는 두 소년 제냐와 슈라에게서 뒤돌아선 후, 1명은 연필을 갖고 1명은 지우개를 가지라고 말했다. 그리고 이렇게 말했다.

"연필을 가진 사람의 숫자는 7이고 지우개를 가진 사람의 숫자는 9야."

이때 숫자 하나는 소수여야 하고 다른 하나는 합성수이지만 앞의 소수로 나누어져서는 안 된다.

"제냐, 네 숫자에 2를 곱해. 슈라는 네 숫자에 3을 곱해봐."

이때 숫자 하나는 당신이 부른 합성수의 약수여야 한다. 3은 9의 약수다. 그리고 다른 하나의 숫자는 앞의 숫자와 1 외에 다른 공약수가 있어서는 안 된다(즉 서로소여야 한다. - 편집자).

"너희들의 답을 더해서 나한테 그 합을 알려주렴."

합이 3으로 나누어지면 슈라가 연필을 가진 것이다. 그렇지 않으면 슈라가 지우개를 가진 것이다. 왜일까?

3개의 연속 수 추측하기

친구에게 60 이하의 수 중에서 연속적인 수 3개를 고르라고 하자(예: 31, 32, 33). 그다음 친구에게 100 이하의 수 중에서 3의 배수를 하나 고르고(예: 27) 그 값을 알려달라고 한다. 이 네 숫자를 더하고 그 값에 67을 곱한다(123×67 =8,241). 친구가 마지막 두 자리의 숫자를 이야기해주면 당신은 친구가 '생각한' 수 3개와 말해주지 않은 자리의 숫자를 맞힐 수 있다.

방법: 친구가 선택한 3의 배수를 3으로 나눈 다음 1을 더한다. 그가 말해준 두 자리 숫자에서 앞의 계산 결과를 빼면, 그가 처음 '생각한' 숫자를 알 수 있다. (41 - (9 + 1) = 31)

말해주지 않은 자리의 숫자는 그저 친구가 말해준 두 자리 숫자를 두 배 하면 된다. (41×2 = 82)

이를 설명하라.

여러 개의 수 추측하기

여러 개의 한 자리 숫자를 생각하라. 첫 번째 숫자에 2를 곱하고, 5를 더하고, 5를 곱하고, 10을 더하라. 여기에 두 번째 숫자를 더하고 10을 곱하라. 세 번째를 더하고 10을 곱하라. 이런 식으로 마지막 '생각한' 숫자까지 더하고 마지막에는 10을 곱하지 않는다. 계산 결과와 총 '생각한' 숫자가 몇 개인지를 말한다.

'생각한' 숫자를 찾기 위해서는 계산 결과에서 35('생각한' 숫자가 2개라면)나 350(3개), 3,500(4개) 식으로 숫자를 뺀다. 그 결과의 각 자리 숫자가 '생각한' 숫자들이다.

예: '생각한' 숫자가 3, 5, 8, 2라고 하자. 그러면 $(2\times3)+5=11$, $(11\times5)+10=65$, $10(65+5)=700$, $10(700+8)=7{,}080$, $7{,}080+2=7{,}082$, $7{,}082-3{,}500=3{,}582$다.

어떻게 이렇게 되는지 설명해보자.

당신은 몇 살인가

“나한테 말하고 싶지 않다고? 좋아, 그러면 이 답만 말해봐. 네 나이를 열 배 한 수에서 한 자리 숫자 아무 거나와 9의 곱을 빼. 고마워, 이제 네 나이가 몇인지 알겠어.”

예: 17세. 곱은 3×9 = 27. 170 − 27 = 143을 이야기한다.

추측 방법: 말한 숫자의 마지막 자리를 지우고, 그 숫자를 남은 수에 더한다. 즉 143에서 3을 지운 14에 14 + 3이므로 17이다.

쉽고 신기하다! 하지만 창피를 당하지 않으려면 이 트릭을 사용하기 전에 왜 이렇게 되는지부터 알아봐야 한다.

(단 이 트릭은 9세보다 많은 나이에만 적용해야 한다.)

THE MOSCOW PUZZLES 304 MATHEMATICAL RECREATIONS

나이 추측하기

앞의 트릭을 변형하여 친구에게 자신의 나이에 2를 곱하고, 5를 더하고, 거기에 5를 곱한 다음 답을 말해달라고 하자.

마지막 자리의 숫자를 지우고(이 값은 언제나 5다), 남은 숫자에서 2를 빼면 그의 나이를 알 수 있다.

예: 21 ×2 +5 =47, 47 ×5 =235. 235가 23이 되고, 23 -2 =21이다.

이탈리안 게임

포커와 빙고의 특징 몇 가지를 합쳐놓은 듯한 이 게임은 일반적인 카드 한 벌을 이용한다.

각 참가자는 5×5 네모칸을 그린다. 25개의 카드가 불리면, 참가자는 원하는 칸에 각 카드에 대응하는 수를 적어 넣는다(킹은 13, 퀸은 12, 잭은 11, 에이스는 1로 표기한다). 칸이 모두 차면, 다음

표를 참고해 12개의 가로줄과 세로열, 대각선에 점수를 매긴다. 합계 점수가 가장 높은 사람이 이긴다.

아래 그림에 예시용 네모칸을 그려놓았다. 세 번째 가로에 있는 5 원페어는 10점의 가치를 갖지만, 대각선에 있는 킹(13) 원페어는 20점의 가치를 갖고 있다.

	1	1	7	1	7	(80)
	2	10	2	13	2	(40)
	5	12	13	5	7	(10)
	3	3	3	11	3	(160)
	4	12	4	13	12	(20)
(20)	(50)	(10)		(10)	(10)	(160)

[같은 숫자가 4개(포커)면 160점(네 번째 가로)이고 10, 11, 12, 13, 1이 있는 마운틴도 160점(대각선)이다. 2개 숫자가 같고 3개 숫자가 동일한 하우스면 80점(첫 번째 가로)이고 1, 2, 3, 4, 5의 백스트레이트는 50점(첫 번째 세로)이다. 3개 숫자가 같은 돌은 40점(두 번째 가로), 두 쌍의 숫자가 같은 투 페어는 20점(다섯 번째 가로)으로 친다. 전부 합해 가장 점수가 높은 사람이 이긴다.- 감수자]

(이 문제는 이 책의 '해답'에 답이 실려 있지 않다.)

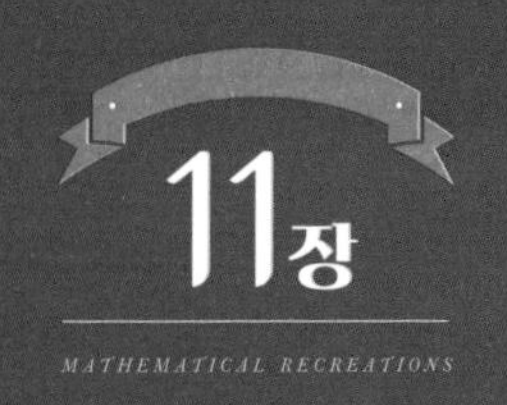

MATHEMATICAL RECREATIONS

재미있는 나눗셈

수론 Number Theory

수론은 수와 관련된 이론을 말한다.
피타고라스주의자들은 '모든 사물의 원리는 자연수에서 찾아야 한다'며 철학으로 수를 연구하기도 했다. 그런데 수의 합, 차, 곱과 달리 나눗셈에는 기묘한 특징이 있다. 정수 나눗셈의 세계를 탐험하다 보면 수론이 더 재미있어질 것이다.

대수학 계산 중에서 가장 기묘한 것이 나눗셈이다. 0으로 나눈다고 생각해보자. 일반 계산에서 0은 다른 숫자와 똑같은 권리를 가진다. 0은 더할 수도 있고, 뺄 수도 있고, 곱할 수도 있다. 그러나 0으로 나눌 수 있는 수나 대수학적 표현은 아무것도 없다. 이 규칙에 주의를 기울이지 않으면 말도 안 되는 명제를 '증명할' 수도 있다.

명제: 모든 숫자는 그 절반과 동일하다.

증명: $a=b$라고 하자. 양변에 a를 곱해도 성립한다.

$$a^2=ab$$

양변에서 b^2을 빼도 마찬가지다.

$$a^2-b^2=ab-b^2$$

이를 인수분해하면 다음과 같다.

$$(a+b)(a-b)=b(a-b)$$

$(a-b)$로 양변을 나눈다.

$$a+b=b$$

$b=a$이므로 b를 a로 치환할 수 있다. 그러면 $2a=a$가 된다. 2로 나누면 $a=\frac{1}{2}a$가 된다. 어떤 수든지 그 절반과 동일해지는 것이다.

이 증명이 틀렸다는 사실은 분명하다.

또 다른 기묘한 점은 두 정수의 합이나 차, 곱은 항상 정수인데 몫은 꼭 그렇지 않다는 것이다.

정수 나눗셈의 이론이 발전하면서 수론이 엄청나게 확장되었다. 이 장의 문제를 풀다 보면 수론에 관심이 생길지도 모른다.

THE MOSCOW PUZZLES **306** MATHEMATICAL RECREATIONS

무덤의 숫자

학자들이 이집트 피라미드 안, 무덤을 덮은 돌 뚜껑에 새겨진 상형문자 중에서 2,520이라는 수를 발견했다. 왜 이 수가 거기에 새겨지는 영예를 안은 걸까?

어쩌면 이 수가 1부터 10까지의 모든 정수로 나누어지기 때문일 수도 있다. 이 수는 이렇게 나누어지는 가장 작은 수다. 이를 설명하라.

네 척의 디젤선

디젤선 네 척이 1953년 1월 2일 정오에 항구를 떠났다. 첫 번째 배는 매 4주마다 이 항구로 돌아오고, 두 번째 배는 8주마다, 세 번째 배는 12주마다, 네 번째 배는 16주마다 돌아온다.

모든 배가 항구에서 다시 만나는 때는 언제일까?

새해 선물

우리 조합의 이사회에서 지역의 아이들을 위해 새해 나무를 세우기로 했다.

(소련에는 공식적으로 크리스마스트리가 없고 '새해' 나무가 있다. 산타는 프로스트 할아버지로 대체되었고 선물을 새해 나무 아래에 두었다.-편집자)

우리는 선물상자에 사탕과 쿠키를 나누어 넣은 후에 오렌지를 나누기 시작했다. 하지만 상자 하나에 오렌지를 10개씩 넣으면 마지막 상자에는 9개만 들어가게 된다. 상자 하나에 오렌지를 9개씩 넣으면 마지막 상자에는 8개만 들어간다. 8개씩 넣으면 마지막 상자에는 7개가, 7개씩 넣으면 6개가, 이런 식으로 계속 이어지다가 결국 상자 하나에 2개씩 넣으면 마지막 상자에는 오렌지가 1개만 들어가게 된다는 계산이 나왔다.

우리가 가진 오렌지는 몇 개였을까?

309

이런 수가 있을까

3으로 나누면 나머지가 1이고, 4로 나누면 나머지가 2이고, 5로 나누면 나머지가 3이고, 6으로 나누면 나머지가 4인 수가 있을까?

THE MOSCOW PUZZLES

310

MATHEMATICAL RECREATIONS

세 자리 수

나는 세 자리 수를 하나 생각하고 있다. 여기서 7을 빼면 그 답은 7로 나누어진다. 8을 빼면 8로 나누어진다. 9를 빼면 9로 나누어진다. 이 수는 무엇일까?

계란 한 바구니

어떤 여자가 계란 한 바구니를 들고 시장에 가다가 지나가던 사람의 어깨에 치였다. 그녀는 바구니를 떨어뜨렸고 계란이 모두 깨져버렸다.

상대는 보상하고 싶어서 이렇게 물었다.

"바구니에 계란이 몇 개 들어 있었죠?"

"정확하게는 기억이 안 나요. 하지만 계란을 2나 3, 4, 5, 6으로 나누어도 언제나 1개가 남았다는 건 기억해요. 계란을 7개씩 묶음으로 꺼내면 바구니를 다 비울 수 있었고요."

계란의 최소 개수는 몇 개일까?

312

계산원의 실수

손님이 계산원에게 말했다.

"9센트 라드를 두 덩이 샀고요, 27센트 비누 두 덩이, 설탕 세 봉지와 페이스트리 6개를 샀는데, 설탕이랑 페이스트리 가격은 모르겠어요."

"그러면 2.92달러예요."

손님이 말했다. "어, 그건 아닌 것 같은데요."

계산원은 다시 확인해보고 실수를 인정했다.

손님은 어떻게 계산원의 실수를 알아챘을까?

THE MOSCOW PUZZLES

313

MATHEMATICAL RECREATIONS

수 퍼즐

다음에서 수 t와 한 자리 수를 나타내는 기호 a의 값을 찾아라.

$$[3(230+t)]^2 = 492{,}a04$$

11로 나누기

우리는 이미 어떤 수의 각 자리 숫자의 총합이 9로 나누어지면, 그 수가 9로 나누어진다는 사실을 안다(7장 참조). 또한 0으로 끝나는 수는 10으로 나누어지고, 5나 0으로 끝나는 수는 5로 나누어지며, 짝수(2, 4, 6, 8, 0으로 끝나는 수)는 2로 나누어짐을 안다. 하지만 11은 어떨까?

짝수 번째 자리(둘째, 넷째 등)의 숫자들과 홀수 번째 자리(첫째, 셋째 등) 숫자들을 각각 따로 더한다. 두 합의 차가 0이거나 11의 배수라면 원래의 수는 11로 나누어떨어진다. 그렇지 않으면 나누어떨어지지 않는다.

'나머지'와 비슷한 개념의 모듈러(modulo) 연산을 설명해보겠다.

18을 11로 나누면 나머지가 7이 되는데 이를 18 =7 mod 11(7 모듈러 11) = −4 mod 11이라고 표기한다.

이런 식으로 하면 숫자 0, 1, 2, …, 9는 물론 0, 1, 2, …, 9 mod 11로 나타낼 수 있다.

0, 10, 20, …, 90은 0, 10, 9, …, 2 mod 11 =0, −1, −2, …, −9 mod 11이다.

그리고 0, 100, 200, …, 900은 다시금 0, 1, 2, …, 9 mod 11 등

이 된다.

두 수의 합은 다음이 성립한다.

$$N = a + 10b + 100c + 1{,}000d + \cdots$$

$$N \bmod 11 = a \bmod 11 + 10b \bmod 11 + 100c \bmod 11 + 1{,}000d \bmod 11 + \cdots$$

$$= a \bmod 11 - b \bmod 11 + c \bmod 11 - d \bmod 11 + \cdots$$

$$= a \bmod 11 + c \bmod 11 + \cdots - (b \bmod 11 + d \bmod 1 + \cdots)$$

a, b, c, d, … 는 역순으로 N의 각 자리 숫자를 나타낸 것이므로, 우리의 11에 관한 나눗셈 테스트는 옳다.

이제 다음을 설명해보라.

(A) 37,a10,201이 11로 나누어지면 a는 어떤 숫자일까?

(B) $[11(492+x)]^2 = 37{,}b10{,}201$일 때 숫자 b와 수 x는 각각 무엇인가?

7, 11, 13으로 나누기

7, 11, 13은 연달아 등장하는 3개의 소수다. 이들의 곱은 1,001인데 곱이 10의 제곱수에 가까울 경우 나눗셈 테스트가 그리 어렵지 않다.

수를 오른쪽에서 왼쪽으로 세 자리씩 나누어 그룹을 짓는다(전통적으로 숫자에 찍는 쉼표가 이를 대신해준다). 짝수 번째 그룹과 홀수 번째 그룹을 각각 더한다. 두 합의 차가 7이나 11, 13으로 나누어떨어지면 그 수는 각각 7, 11, 13으로 나누어진다(차가 0이면 이 수는 7, 11, 13 모두로 나누어진다).

예: 42,623,295를 42와 623, 295로 나누어보자.

$$623-(42+295)=286$$

286은 11과 13으로는 나누어지지만 7로는 나누어지지 않으므로 42,623,295 역시 11과 13으로는 나누어지지만 7로는 나누어떨어지지 않는다.

한편 $1,001=10^3+1$이고, 이 수는 10^6-1과 10^9+1의 인수다. 이

사실을 이용해 수를 4개의 그룹으로 나누어도 이 테스트가 통한다는 것을 설명할 수 있겠는가?

또한 독자 스스로 이를 일반화한 테스트를 두 가지 방법으로 설명할 수 있겠는가? 하나는 방금 제시한 문제에 대한 답을 바탕으로 하고, 또 하나는 314번 문제와의 유사성을 바탕으로 설명해 보자(모듈러 11 대신 모듈러 1,001을 사용하라).

8로 나누기 위한 줄이기

10은 2로 나누어지고, 100은 4로 나누어지며, 1,000은 8로 나누어지고, 10,000은 16으로 나누어지므로 우리는 다음의 테스트를 해볼 수 있다.

(A) 어떤 수의 마지막 자리 숫자가 2로 나누어지면, 그 수는 당연히 2로 나누어진다(수의 나머지 부분은 10으로 나누어지므로 2로도 나누어진다).

(B) 어떤 수의 마지막 두 자리 숫자가 4로 나누어지면, 그 수는

4로 나누어진다.

(C) 어떤 수의 마지막 세 자리 숫자가 8로 나누어지면, 그 수는 8로 나누어진다.

하지만 세 자리 숫자를 8로 나누는 것보다 두 자리 숫자를 4로 나누는 게 더 쉬우니까, 요령의 요령을 다시 알려주겠다.

세 자리 수에서 처음 두 자리 수에, 마지막 자리 숫자의 절반을 더하라. 그 합이 4로 나누어떨어진다면, 원래의 세 자리 숫자는 8로 나누어진다. 592를 예로 들어보자.

$$59+1=60$$

$$60\div4=15$$

$$592\div8=74$$

이 테스트가 옳음을 증명해보라.

(968 이상의 짝수에 관해서는 4로 나누기가 되는지 세 자리 수로 테스트를 하게 될 것이다. 하지만 이 세 자리 수는 절대 103보다 크지 않다.)

(96+4=100이니까 4로 나눌 때 100/4을 하게 된다는 뜻이다.-옮긴이)

놀라운 기억력

친구가 세 자리 수를 쓰면 당신이 재빨리 세 자리나 여섯 자리의 숫자를 덧붙여서 그 결과인 여섯 자리, 또는 아홉 자리 숫자가 37로 나누어떨어지게 만들어보자.

예를 들어 친구가 412를 썼다고 하자.

왼쪽이나 오른쪽에 143을 붙여서 143,412나 412,143을 만들어라. 두 숫자 모두 37로 나누어진다.

당신의 놀라운 두뇌 안에 37로 나누어지는 모든 숫자가 들어있는 것은 결코 아니다. 당신이 평범한 기억력을 갖고 있다 해도 37로 나누어지는 수를 만드는 방법을 기억할 수 있다.

수를 오른쪽에서 왼쪽으로 세 자리씩 나눈다(왼쪽 마지막 그룹의 숫자는 3개가 아닐 수도 있다). 각 그룹을 독립적인 숫자라고 생각하자. 이 숫자들을 더한다. 그 합이 37로 나누어지면 원래 수도 37로 나누어진다. 예를 들어 153,217은 37로 나누어진다. 153 + 217 = 370이고 370은 37로 나누어지기 때문이다.

독자 스스로 이를 증명해보라(힌트: 37은 $999 = 10^3 - 1$의 약수다).

이 트릭을 빠르게 적용하고 싶다면 111, 222, 333, …, 999가 모두 37로 나누어떨어진다는 점을 기억하자. 친구가 쓴 412에 143을 덧붙인 이유는 그 둘을 합하면 555가 되기 때문이다. 친구가 341을 골랐다면 103이나 214, 325 등을 덧붙일 수 있다.

아홉 자리 수를 만들기 위해서는 여섯 자리 수를 만들 때처럼 시작하지만, 세 자리 '고정수'를 둘로 나누어야 한다. 즉 341에 325를 덧붙이는 대신에 203과 122(합하면 325가 된다)를 붙이는 것이다. 203,341,122는 37로 나누어진다.

아홉 자리 수를 세 자리 수 3개로 잘랐을 때 이들의 합이 AAA(똑같은 숫자 3개)인 아홉 자리 수는 37로 나누어진다는 것을 증명하라.

3, 7, 19로 나누기

소수인 3, 7, 19의 곱은 399다. 100a+b(b는 두 자리 수이고 a는 임의의 양의 정수)로 표현되는 수가 399나 그 약수로 나누어지면 a+4b도 같은 수로 나누어진다.

독자 스스로 이를 증명할 수 있겠는가? (힌트: 400a+4b를 연결고리로 사용한다.) 그 반대를 공식으로 만들고 증명할 수 있겠는가?

3, 7, 19로 나누어떨어지는 수를 알아내는 간단한 방법을 고안하라.

7로 나누기 새로운 정보

러시아 사람들은 숫자 7을 좋아한다. 다음의 러시아 전통 민요 구절과 속담에서 이를 발견할 수 있다.

옷감을 일곱 번 잰 다음에 잘라라.

일곱 번의 불행, 한 번의 이득.

1명이 밭을 갈면 7명이 숟가락을 들고 따라온다(다른 사람이 일한 덕을 공짜로 먹으려드는 게으름뱅이에 대한 이야기).

아기에게 7명의 유모가 있었지만 아기는 눈을 잃었다.

7로 나누기에 대한 2개의 방식은 이미 앞에서 봤다. 이런 방법은 굉장히 많다. 여기 하나를 더 제시해보겠다.

왼쪽 첫 번째 자리 숫자에 3을 곱하고 두 번째 자리 숫자를 더하라. 또 여기에 3을 곱하고 세 번째 자리 숫자를 더한다. 이런 과정을 마지막 자리를 더할 때까지 반복해야 한다.

계산을 간단하게 하기 위해 결과가 7 이상이 되면 그때마다 가장 큰 7의 배수를 빼서 0이나 양수가 되도록 만든다. 마지막 결과가 7로 나누어지는 경우에만, 주어진 숫자는 7로 나누어진다.

예: 48,916을 시험해보자.

$4 \times 3 = 12$	$12 - 7 = 5$
$5 + 8 = 13$	$13 - 7 = 6$
$6 \times 3 = 18$	$18 - 14 = 4$
$4 + 9 = 13$	$13 - 7 = 6$
$6 \times 3 = 18$	$18 - 14 = 4$
$4 + 1 = 5$	
$5 \times 3 = 15$	$15 - 14 = 1$
$1 + 6 = 7$	

그러므로 48,916은 7로 나누어떨어진다.

독자 스스로 이 방식의 유효성을 증명해보라.

[힌트: $a + 10b + 10^2c + \cdots - (a + 3b + 3^2c + \cdots)$는 7로 나누어떨어지는가?]

(이 문제에 관한 답은 이 책의 '해답'에 실려 있지 않다.)

7로 나누기
두 번째 정보

319번 문제와 똑같이 하되, 오른쪽부터 왼쪽으로 5씩 곱한다.

예: 37,184를 시험해보자.

$4\times5=20$	$20-14=6$
$6+8=14$	$14-14=0$
$0\times5=0$	
$0+1=1$	
$1\times5=5$	
$5+7=12$	$12-7=5$
$5\times5=25$	$25-21=4$
$4+3=7$	

그러므로 37,184는 7로 나누어진다.

이 방식이 효과 있음을 증명할 수 있겠는가?

(이 문제에 대한 답은 이 책의 '해답'에 실려 있지 않다.)

7로 나누기 두 가지 정리

정리 1: AB로 표현한 두 자리 수가 7로 나누어떨어진다면 BA + A도 7로 나누어떨어진다. 예를 들어 14가 7로 나누어떨어지므로 41 + 1도 7로 나누어떨어진다.

(설명: 10a + b와 10b + 2a를 비교하여 전자에 2를 곱하고 후자에 3을 곱해보라.)

정리 2: ABC로 표현된 세 자리 수가 7로 나누어떨어진다면 CBA - (C - A)도 7로 나누어떨어진다.

예를 들어 126이 7로 나누어떨어지므로 621 - (6 - 1) = 616도 7로 나누어떨어진다. 또는 693이 7로 나누어떨어지므로 396 - (3 - 6) = 399도 7로 나누어떨어진다.

(이 문제에 대한 답은 이 책의 '해답'에 실려 있지 않다.)

나눗셈 일반 테스트

$11 = 10 + 1$로 나누기를 테스트할 때(314번 문제), 각 자리의 숫자를 번갈아 더하고 뺐다(각각을 하나의 숫자로 이루어진 그룹으로 생각할 수 있다).

$1{,}001 = 10^3 + 1$의 나눗셈으로 테스트할 때, 그리고 그 소인수인 7, 11, 13으로 테스트할 때도(315번 문제) 세 자리 숫자 그룹을 번갈아 더하고 뺐다.

비슷하게 $101 = 10^2 + 1$의 나눗셈을 테스트할 때에는 두 자리 숫자 그룹을 번갈아 더하고 뺀다. $10{,}001 = 10^4 + 1$의 나눗셈과 그 소인수인 73과 137의 나눗셈을 테스트할 때는 네 자리 숫자 그룹을 번갈아 더하고 뺀다.

예를 들어 837,362,172,504,831을 테스트해보자. 네 자리씩 그룹으로 만들어 837 / 3,621 / 7,250 / 4,831로 나눈다. 홀수 번째 그룹에서 $837 + 7{,}250 = 8{,}087$을 얻을 수 있고, 짝수 번째 그룹에서 $3{,}621 + 4{,}831 = 8{,}452$를 얻는다. 두 합의 차는 365로 73×5와 같다. 따라서 이 열다섯 자리의 수는 73으로는 나누어떨어지지만 137로는 나누어떨어지지 않는다.

일반적으로 $10^n + 1$과 그보다 작은 소인수들을 사용한 나눗셈 테스트에서는 오른쪽에서 왼쪽으로 n자리 숫자 그룹을 번갈아 더하고 빼야 한다.

$9+10-1$의 나눗셈 테스트도 기본적으로 비슷하다(7장). 모든 자리 숫자를 더한다(각각을 하나의 숫자 그룹으로 생각할 수 있다). 그 합이 3(9의 소인수)으로 나누어진다면 원래의 수가 3으로 나누어진다는 사실이 그리 놀랍지는 않을 것이다.

$99=10^2-1$, $999=10^3-1$ 등으로도 비슷한 테스트를 할 수 있다. 이를 간단히 하기 위해 이 숫자들을 각각 9로 나눈다(우리는 이미 이러한 방식을 알고 있다). 다른 소인수들로 나누는 나눗셈은 영향을 받지 않는다.

따라서 우리에게는 11로 나누기 테스트가 하나 더 생긴 셈이다. 두 자리 숫자 그룹(오른쪽에서 왼쪽으로)을 더하는 것이다.

111(그리고 그 소인수 37)로 나누기 테스트는 317번 문제에서 했던 것처럼 세 자리 숫자 그룹을 더해서 한다.

$1{,}111=101\times 11$은 전혀 새로울 게 없지만 $11{,}111=271\times 41$은 우리에게 이 두 소수를 사용하는 테스트 방식을 제공해준다.

일반적으로 $\frac{1}{9}(10^n-1)$과 그 소인수들을 이용한 나눗셈 테스트를 하기 위해서는 오른쪽에서 왼쪽으로 n자리 숫자 그룹들을 더해야 한다.

(이 문제에 대한 답은 이 책의 '해답'에 실려 있지 않다.)

신기한 나눗셈

이 장을 마무리하기 위해 열 자리 숫자를 네 가지 배열로 제시해보겠다.

2,438,195,760

4,753,869,120

3,785,942,160

4,876,391,520

각각은 2, 3, 4, 5, 6, 7, 8, 9, 10, 11, 12, 13, 14, 15, 16, 17, 18로 나누어떨어진다. 한 번 검산을 해보자.

(이 문제에 대한 답은 이 책의 '해답'에 실려 있지 않다.)

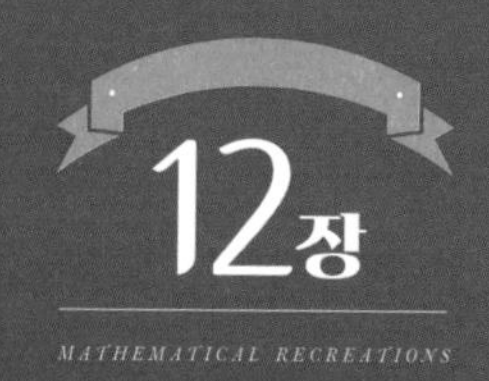

마술적인 숫자 배열, 마방진

마방진 Magic Square

십자 모양의 수 배열에서 가로줄과 세로열 각각의 합이 같게 배열한 것을 십자 합이라고 한다. 십자 합에서 더 나아간 것이 마방진으로 '마술적인 정사각형 숫자 배열'이라는 뜻을 가지고 있다.

1부터 9까지의 숫자를 두 줄로 배치하는데, 두 줄의 합이 똑같게 만들어보자. 9개 숫자의 합(45)이 2로 나누어지지 않기 때문에 수평으로 만들 수는 없지만, 십자로 만들 수는 있다.

```
    5
    9
3 7 1 8 4
    6
    2
```

각 열의 합은 23이다.

합이 똑같은 이런 십자열을 '십자 합(cross sum)'이라고 한다. 제시된 십자 합 문제들을 풀어보고, 가능하면 대칭 형태로 직접 만들 수 있을지 알아보자. 대부분의 십자 합 문제의 답은 하나 이상이다.

육각별

1부터 12까지의 정수를 아래 그림의 육각별 속의 작은 원에 넣어 6개 열을 만들자. 각 열에 있는 숫자의 합이 각각 26이 되도록 숫자들을 배치할 수 있겠는가?

숫자 종이를 모양대로 늘어놓고 이리저리 숫자들을 배치하다 보면 어느 순간 답이 보일 것이다.

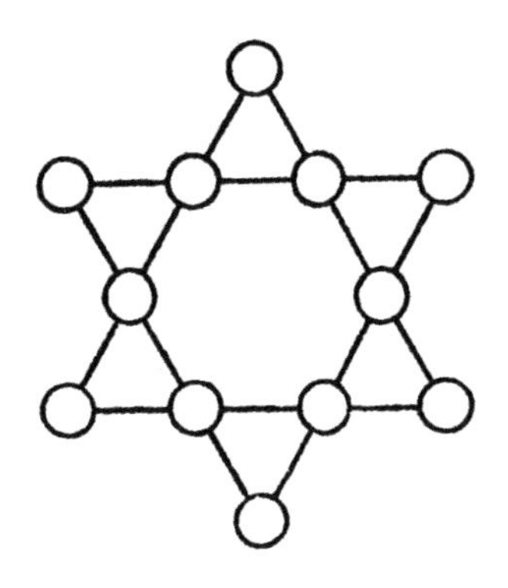

원자 결정

아래 그림처럼 '원자'들이 3개씩 10개의 열을 만들고 있는 결정격자 구조가 있다.

13개의 정수를 골라(그중 12개는 서로 달라야 한다) 각 열의 합이 20이 되도록 '원자' 자리에 넣어보자(필요한 가장 작은 숫자는 1이고 가장 큰 숫자는 15다).

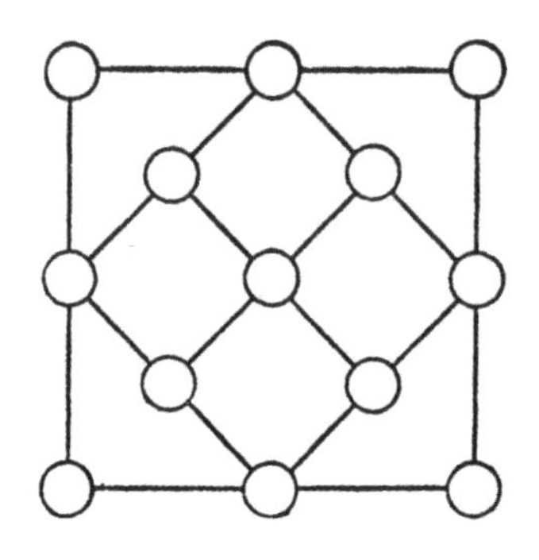

오각별 창문 장식

준보석을 파는 가게에서 철사로 작은 원을 이어서 오각별 창문 장식을 만들었다.

15개의 작은 원에는 1개부터 15개까지의 보석이 들어간다(각 숫자는 한 번씩만 사용된다). 5개의 큰 원 각각에는 총 40개의 보석이 들어가고, 오각별의 튀어나온 끝부분 5개에도 합해서 40개의 보석이 들어간다.

이를 만족하도록 보석의 개수를 채워 넣어보라.

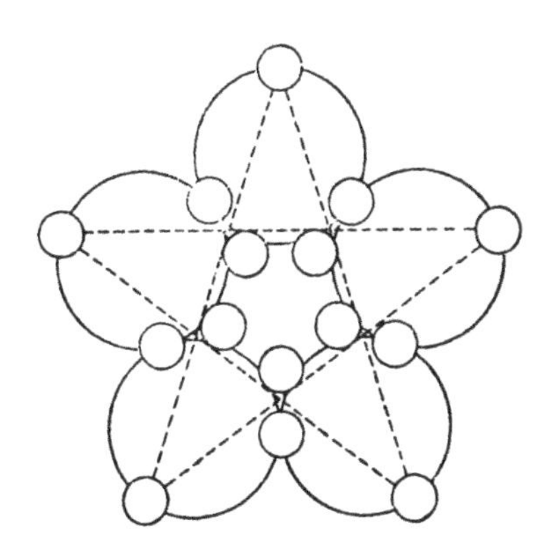

육각형

1부터 19까지의 정수를 다음 그림의 육각형 안에 넣어서, 숫자 3개로 이루어진 각 열(모서리, 그리고 중심에서 바깥쪽으로)의 숫자 합이 22가 되도록 만들어라.

합계가 23이 되도록 다시 한 번 만들어보라.

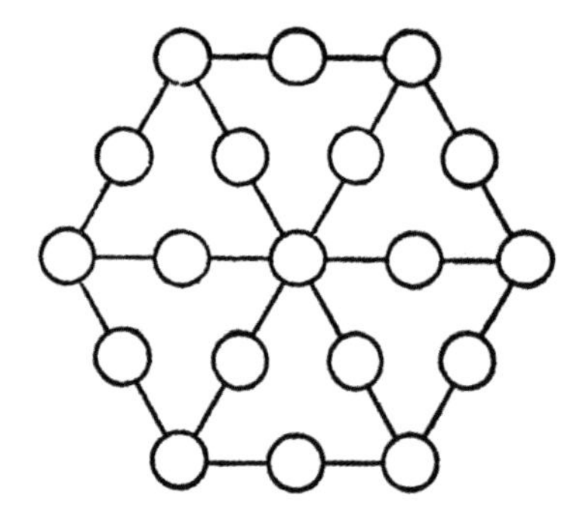

플라네타리움

작은 플라네타리움(천체의 운행을 나타내는 장치)의 각 궤도에 4개의 행성이 있고, 그 행성들은 각 반지름을 따라 정렬해 있다(아래 첫 번째 그림).

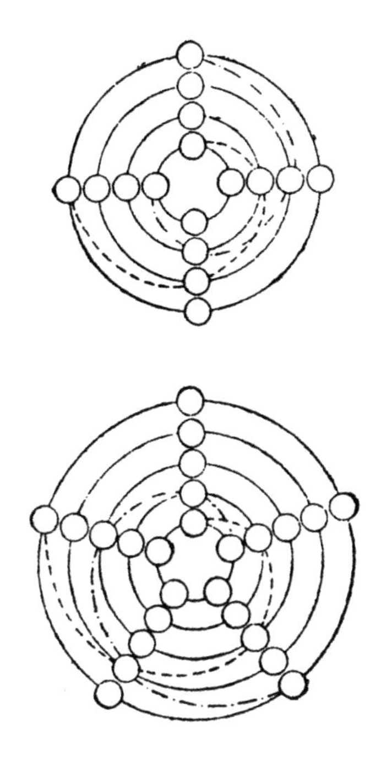

플라네타리움의 각 궤도에 5개의 행성이 있고, 그 행성들은 각 반지름을 따라 정렬해 있다(두 번째 그림). 작은 플라네타리움에

있는 행성의 무게는 1부터 16 사이의 정수로 표현된다. 큰 플라네타리움의 행성 무게는 1부터 25 사이이다.

무게를 적절하게 배치해서 각 행성 체계가 균형을 이루도록 만들어라. 이때 다음의 조건이 작은 플라네타리움에서는 34, 큰 것에서는 65를 모두 만족하도록 해야 한다.

① 각 반지름 무게의 합
② 각 궤도 무게의 합
③ 바깥쪽 궤도에서 안쪽 궤도로 나선형을 이루는 무게의 합 (양쪽 방향 모두를 고려. 예를 들어 안쪽으로 들어가는 점선과 바깥쪽으로 나오는 점선에 있는 행성의 무게를 더했을 때 각각 34, 65의 두 배씩이 되어야 한다. - 편집자)

그리고 (작은 플라네타리움만) 4개 행성의 무게를 합하면 34가 되는 또 다른 배열도 스스로 찾아보자.

작은 플라네타리움에서는 28개의 동일한 합이 형성되고, 큰 플라네타리움에서는 20개가 나온다. 놀랍게도 답은 여러 가지가 가능하다.

겹치는 삼각형

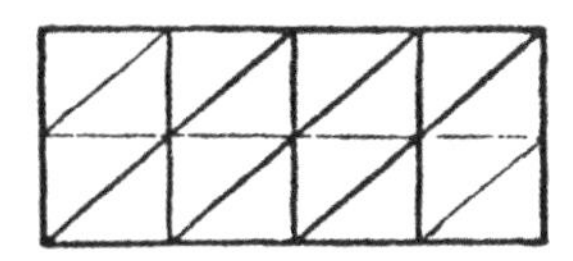

그림처럼 직사각형 장식이 조그만 삼각형 16개로 이루어져 있는데 여기에 1부터 16 사이의 정수가 들어가야 한다. 겹쳐 있는 6개의 큰 직각삼각형(작은 직각삼각형 4개로 구성되어 있다) 형태가 보이는가? 이 큰 삼각형 각각의 정수의 합은 34다.

규칙에 맞게 1부터 16까지의 정수를 어떻게 배열해 넣으면 좋을까?

흥미로운 집합체

아래 그림의 큰 삼각형에서 네 칸으로 된 겹치는 삼각형 3개와 다섯 칸으로 된 사다리꼴 3개를 찾아라. 한 칸에는 1부터 9 사이의 숫자가 들어가고, 각 삼각형의 숫자의 합은 17이며, 각 사다리꼴의 합은 28이다.

삼각형의 합이 20이 되고, 사다리꼴의 합은 25가 되는 네 가지 배열을 찾아라.

삼각형의 합은 23이 되고, 사다리꼴의 합은 22가 되는 한 가지 배열을 찾아라.

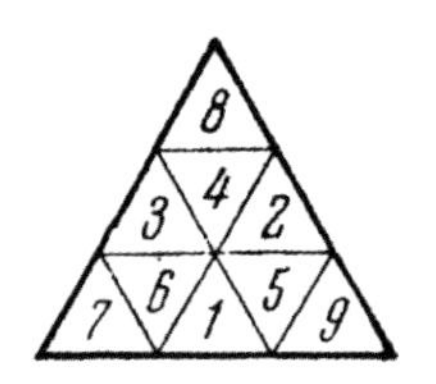

(힌트: 계속 지우지 않으려면 작은 종이에 숫자를 써서 원하는 결과가 나올 때까지 그 숫자 종이들을 이 칸 저 칸으로 옮겨보라.)

중국, 인도에서 온 여행자

마방진은 오래되고 아름다운 십자 합의 일종이다.

중국인이 만들었을 것으로 추정되는데 기원전 4000~5000년 경에 쓰인 중국 책에 마방진이 언급되어 있다.

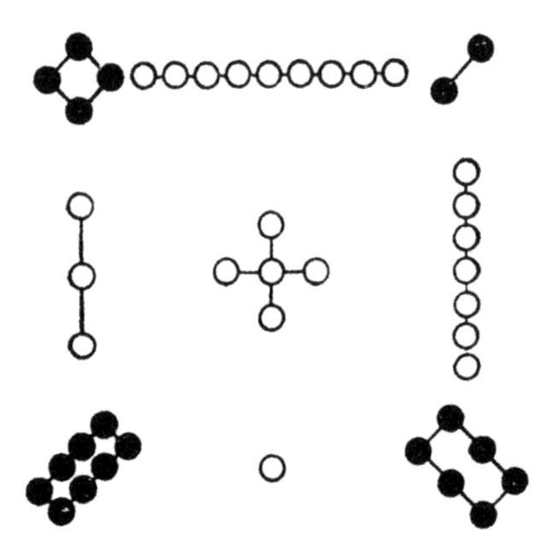

중국인이 만든, 세계에서 가장 오래된 마방진이다. 검은색 원은 짝수(음양의 원리에서 '음')를, 하얀색 원은 홀수(양)를 나타낸다.

숫자들이 든 일반적인 마방진도 다음 페이지에 그림으로 나와 있다. 첫 번째 그림(왼쪽)의 숫자 9개는 가로열과 세로열, 그리고 주대각선의 합이 각각 15가 되도록 배치되어 있다. 그래서 마법수는 15다.

오른쪽의 4×4 마방진은 2000년 전 인도에서 만들어졌다. 1부터 16까지의 숫자가 사용되었고, 마법수는 34다.

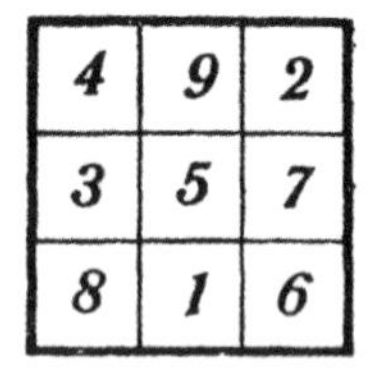

4	9	2
3	5	7
8	1	6

1	14	15	4
12	7	6	9
8	11	10	5
13	2	3	16

마방진은 15세기 초에 유럽으로 전파되었다. 독일의 화가, 조각가, 판화가인 알브레히트 뒤러의 '멜랑콜리아 I(1514)' 판화에 인도 마방진을 약간 고친 게 나온다.

이 인도 마방진의 여섯 가지 특성을 살펴보자.

① 네 모서리의 합계가 34다.

② 가장자리와 중앙의 2×2 사각형 5개의 합도 34다.

③ 각 가로열에서 이웃한 숫자 한 쌍의 합은 15이고 다른 한 쌍은 19다.

④ 각 가로열 숫자들의 제곱을 합하면 다음과 같다.

$$1^2+14^2+15^2+4^2=438$$

$$13^2+2^2+3^2+16^2=438$$

$$12^2 + 7^2 + 6^2 + 9^2 = 310$$

$$8^2 + 11^2 + 10^2 + 5^2 = 310$$

즉 바깥쪽 가로열 한 쌍과 안쪽 가로열 한 쌍의 제곱 합이 각각 같다.

⑤ 세로열도 마찬가지다. 바깥쪽 세로열 숫자들의 제곱의 합은 278이다. 안쪽 세로열 숫자들의 제곱의 합은 370이다.

⑥ 아래 그림에서 긴 점선으로 표시한 것처럼 사각형 안에 작은 사각형을 그린다(그림 (a)). 새 사각형에서 서로 맞은편에 있는 숫자들끼리의 합은 34가 된다.

$$12 + 14 + 3 + 5 = 15 + 9 + 8 + 2$$

1	14	15	4
12	7	6	9
8	11	10	5
13	2	3	16

(a)

12	7	6	9
1	14	15	4
8	11	10	5
13	2	3	16

(b)

그리고 이 숫자들의 제곱 합과 세제곱의 합도 같다.

$$12^2+14^2+3^2+5^2=15^2+9^2+8^2+2^2$$

$$12^3+14^3+3^3+5^3=15^3+9^3+8^3+2^3$$

2개의 가로열을 바꾸면(그림 (b)) 가로열과 세로열들의 합은 여전히 34지만, 주대각선은 그렇지 않다. 이를 준마방진(semimagic square)이라고 한다.

문제: 인도 마방진의 가로열과 세로열을 바꿔서 다음의 특성을 가진 마방진을 만들어라.

① 주대각선 숫자들의 제곱의 합이 같다

② 주대각선 숫자들의 세제곱의 합이 같다

마방진 만들기

3차 마방진은 각 열에 세 칸이, 4차 마방진은 각 열에 네 칸씩이 있는 것을 말한다. 3차 이상의 다차 마방진을 만드는 수백 가지 방법들이 이미 고안되어 있다.

홀수차 마방진: 5차 마방진을 만드는, 잘 알려진 방법 중 하나를 써보자. 3차, 7차 혹은 다른 홀수차의 경우에도 같은 방법을 사용할 수 있다.

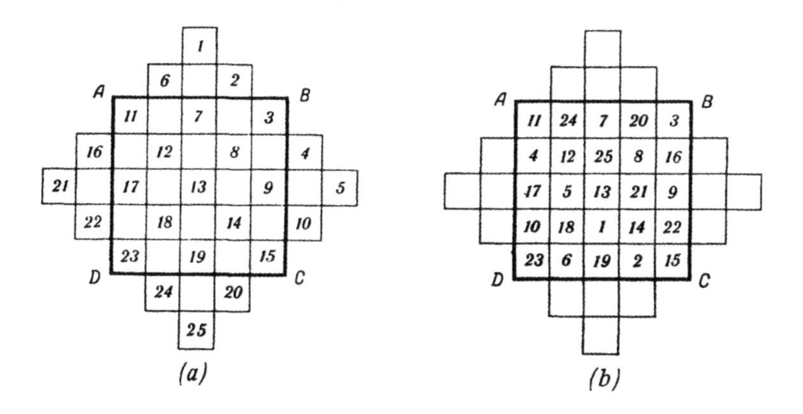

(a) (b)

스물다섯 칸으로 이루어진 5차 행렬(위의 그림 (*a*))을 그리고, 각 가장자리에 그림처럼 네 칸씩을 더한다. 맨 위 1부터 우측으로 그림처럼 5개의 대각선에 1부터 25까지의 정수를 차례로 넣는다.

ABCD 바깥쪽 정수들을 가로축이나 세로축을 따라 사각형 안으로 5칸(n차이면 n칸)만큼 옮긴다. 예를 들어 6은 18 아래로 옮기고, 24는 12 위로, 16은 8의 오른쪽으로, 4는 12의 왼쪽으로 각각 옮기면 된다.

그 결과가 그림 (*b*)의 마방진으로 마법수는 65다. 각 숫자에 '맞은편' 수(중심 칸을 기준으로 반대편에 똑같은 위치에 있는 수)를 더하면 26이다. 즉 다음과 같다.

$$1+25=19+7=18+8=23+3=6+20=2+24=4+22$$

이는 대칭형 방진이다.

방금 설명한 방법을 이용해서 3차와 7차 마방진(이건 독자 스스로)을 만들어보자.

차수가 4의 배수인 마방진을 간단히 만드는 방법을 알아보자.

① 4×4 방진(다음 그림 (*a*))과 8×8 방진(그림 (*c*))과 같이 각 칸에 숫자를 순서대로 적어 넣는다.

② 방진을 2개의 수평선과 2개의 수직선(굵은 선)으로 나누어, 각 모서리에 n/4차 방진이 있고, 둘 사이에는 n/2차 방진이 생기도록 한다.

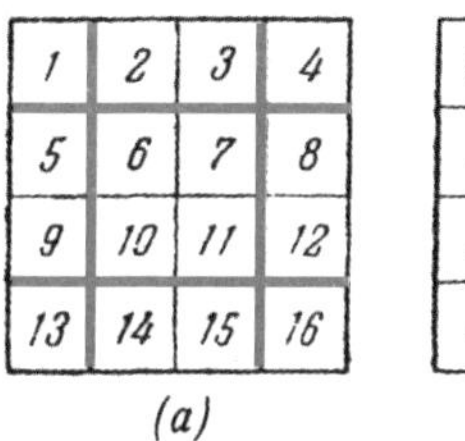

1	2	3	4
5	6	7	8
9	10	11	12
13	14	15	16

(a)

16	2	3	13
5	11	10	8
9	7	6	12
4	14	15	1

(b)

1	2	3	4	5	6	7	8
9	10	11	12	13	14	15	16
17	18	19	20	21	22	23	24
25	26	27	28	29	30	31	32
33	34	35	36	37	38	39	40
41	42	43	44	45	46	47	48
49	50	51	52	53	54	55	56
57	58	59	60	61	62	63	64

(c)

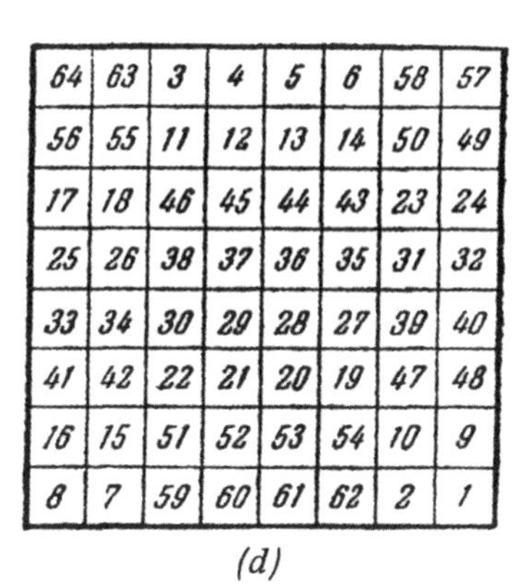

64	63	3	4	5	6	58	57
56	55	11	12	13	14	50	49
17	18	46	45	44	43	23	24
25	26	38	37	36	35	31	32
33	34	30	29	28	27	39	40
41	42	22	21	20	19	47	48
16	15	51	52	53	54	10	9
8	7	59	60	61	62	2	1

(d)

③ 5개의 사각형(각 모서리에 4개, 정가운데 1개 - 편집자) 안에 있는 숫자들만, 중심을 기준으로 대칭인 숫자쌍끼리 반대편과 맞바꾼다. 5개의 방진 외부의 숫자들은 그대로 놔둔다.

그 결과가 그림 (*b*)와 (*d*)의 4×4, 8×8 마방진이다. 이렇게 만들어진 마방진은 대칭형이다.

독자 스스로 다음의 두 문제를 풀어보라.

4n차 마방진을 만들 때 3단계를 반대로 하는 경우도 있다. 5개

의 사각형 안 숫자는 그대로 두고, 나머지 4개의 직사각형 칸에서 모든 숫자를 중심 기준으로 대칭적인 반대편의 숫자와 바꾼다. 이제 12차 마방진도 만들어보라.

4의 배수가 아닌 짝수차 마방진: 6, 10, 14, 18… 차의 마방진을 만들기 위한 가장 좋은 방법 중 하나는 아래 그림처럼 4n차의 마방진 주위에 틀을 만드는 것이다.

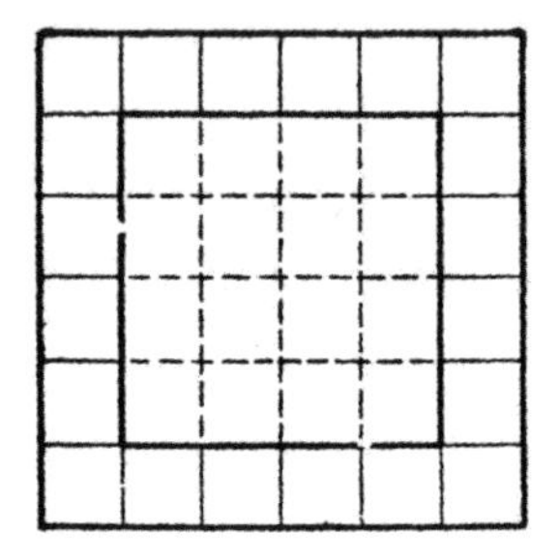

(a)

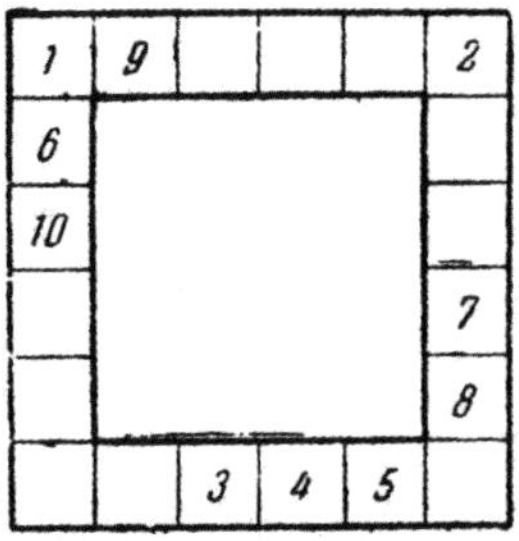

1	9				2
6					
10					
					7
					8
		3	4	5	

(b)

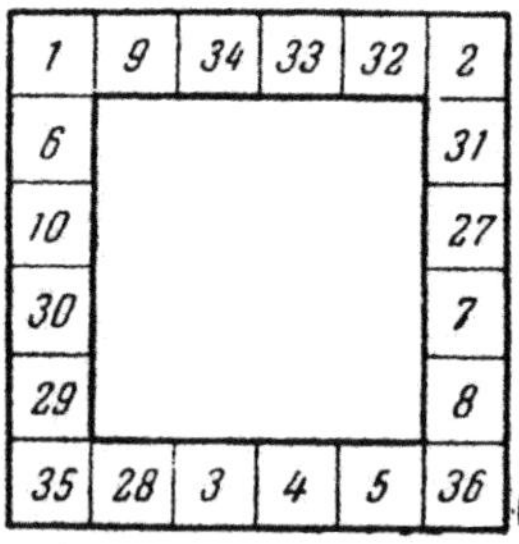

1	9	34	33	32	2
6					31
10					27
30					7
29					8
35	28	3	4	5	36

(c)

26	12	13	23
15	21	20	18
19	17	16	22
14	24	25	11

1	9	34	33	32	2
6	26	12	13	23	31
10	15	21	20	18	27
30	19	17	16	22	7
29	14	24	25	11	8
35	28	3	4	5	36

(d)

원래 방진 안의 (여기서는 앞에서 만든 4차 마방진 사용) 각 숫자에 $(2n-2)$만큼을 더한다. n은 우리가 만들고 싶은 마방진의 차수다 (여기서는 6). 이 경우에는 1이 $1+10=11$이 되고, 2는 12, 3은 13, 이런 식으로 바뀐다. 새로운 마방진은 그림 (*c*)다. 1부터 10까지, 그리고 27부터 36까지를 그림 (*b*)와 같이 배치하면, 언제나 마법수가 $\frac{(n^3+n)}{2}$인 마방진을 만들 수 있다. 여기서 $n=6$이니까 마법수는 111이다.

독자 스스로 또 다른 6차 마방진과 10차 마방진을 만들어보라.

재치 시험하기

7차 방진의 흰색 칸에 30부터 54 사이의 정수를 배치해서 각 가로줄과 세로열의 합이 150이 되고, 주대각선의 합은 300이 되도록 해보자. 지금까지 공부해온 마방진 만드는 규칙을 떠올리며 숫자를 무작위로 넣지 말고 체계적으로 접근해보자. 이번에도 숫자 종이를 만들어 사용하면 편하다.

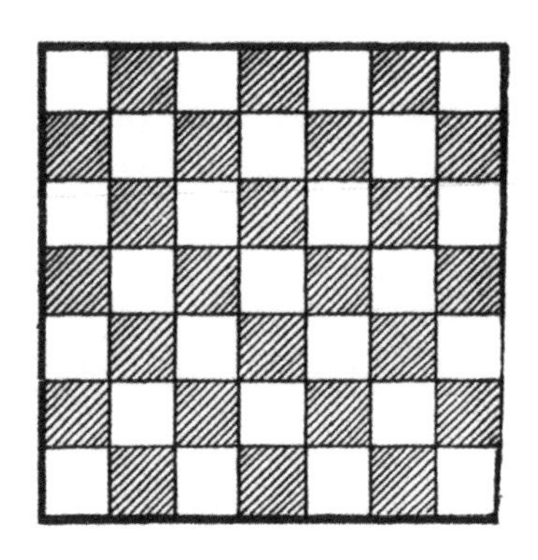

'15' 마술 게임

사각형 상자에 1부터 15까지 숫자가 쓰인 블록이 들어 있고, 빈 공간이 하나 있다. 이 게임의 일반적인 방식은, 상자 안의 블록을 무작위로 섞어놓은 다음 블록을 밀어서 숫자들을 순서대로 배열하는 것이다(첫 번째 그림).

이 게임 자체는 그다지 흥미롭지 않다. 하지만 추가적인 조건을 넣으면 수학적 가치가 훨씬 풍부해진다. 이를테면 블록을 움직여서 마방진을 만드는 것이다(빈 공간은 0으로 친다).

다음 페이지의 두 번째 그림과 같이 14번과 15번 블록의 위치를 바꾼다. 이런 식으로 50회 이내로 움직여서 마법수가 30인 마방진을 만들어보라.

1	2	3	4
5	6	7	8
9	10	11	12
13	15	14	

첫 번째 그림의 배열로부터 만든 마방진의 결과는 두 번째 그림으로부터 만든 마방진과는 다를 것이다. 사실 두 번째 그림은 첫 번째 그림에서 만들어낼 수 없다. '15' 마술 게임이 유럽에서 열풍을 일으켰던 19세기 후반의 연구에 따르면, 가능한 숫자 배치의 절반은 첫 번째를 바탕으로 하고 있고, 나머지 절반은 두 번째를 바탕으로 한다고 한다.

주어진 배치가 첫 번째 그림에서 시작된 건지 두 번째에서 시작된 건지 판단하는 아주 재미있는 방법이 있다. 블록을 한 쌍씩 집어내 자리를 바꾼 다음 다시 집어넣는 것이다. 블록을 고르는 것은 어렵지 않기 때문에 몇 번 정도면 숫자 순서대로 놓을 수 있다(첫 번째 그림). 이때 움직인 횟수가 짝수면 첫 번째 그림 계열이다. 홀수면 두 번째 그림 계열이다.

특이한 마방진

일반적인 n차 마방진에는 1부터 n^2까지의 정수가 1개씩 들어 있다. 하지만 이 문제에서는 칸에 어떤 숫자든 넣을 수 있다.

1	2	3	4
5	6	7	8
8	7	6	5
4	3	2	1

(A) 위 그림과 같이 4×4 사각형을, 1부터 8까지의 정수를 두 번씩 사용해서 채우자. 마법수가 18인 마방진이 되도록 숫자들을 재배치하라. 동시에 다음 위치의 숫자 합도 18이 되어야 한다.

① 네 군데 모서리

② 2×2 사각형 9개. 이 사각형에는 같은 숫자가 두 번 들어가면 안 된다.

③ 3×3 사각형 4개의 각 모서리 4개. 각 모서리에 같은 숫자가 두 번 들어가면 안 된다.

(B) 1부터 31 사이의 홀수를 이용해 마법수 64에 다음의 특성을 가진 4차 마방진을 만들어보라.

① 4×4 사각형, 4개의 3×3 사각형, 9개의 2×2 사각형, 6개의 2×4 직사각형의 네 모서리 합이 모두 64여야 한다.
② 4×4 사각형 각 변의 중심에 꼭짓점이 위치하는, 비스듬한 정사각형을 그려라. 마주 보는 변의 합이 64여야 한다.
③ 두 가로줄 숫자들의 제곱 합이 서로 같아야 하고, 다른 두 가로줄 숫자들의 제곱 합도 서로 같아야 한다.
④ 두 세로열 숫자들의 제곱 합이 서로 같아야 하고, 다른 두 세로열 숫자들의 제곱 합도 서로 같아야 한다.

(C) 어떤 장난기 많은 사람이 마법수 264의 마방진을 고안했다(다음 그림). 나는 이를 뒤집힌 마방진이라고 부른다. 왜일까?

96	11	89	68
88	69	91	16
61	86	18	99
19	98	66	81

중심 칸

1부터 9까지의 숫자를 사용해 3차 마방진을 만들어라. 그 답은 첫 번째 그림이거나, 이의 회전 형태 세 가지, 또는 그 네 가지 회전 형태 중 하나의 거울상일 것이다.

4	9	2
3	5	7
8	1	6

$S = 15$

중심칸이 마법수의 3분의 1로, 위와 같은 정통적인 3차 마방진에서는 중심칸이 항상 5가 됨을 증명해보라(아래 그림의 기호들을 사용해보자).

a_1	a_2	a_3
a_4	a_5	a_6
a_7	a_8	a_9

흥미로운 계산

정수들 사이에는 여러 가지 흥미로운 관계가 있다. 아래 수들의 집합을 한 번 살펴보자.

1, 2, 3, 6, 7, 11, 13, 17, 18, 21, 22, 23

힐끗 봤을 때에는 딱히 뭔가 대단해 보이진 않는다. 하지만 이들을 두 그룹으로 나누어보고 그 합을 비교해보자.

(1, 6, 7, 17, 18, 23), (2, 3, 11, 13, 21, 22)

$$1 + 6 + 7 + 17 + 18 + 23 = 72$$

$$2 + 3 + 11 + 13 + 21 + 22 = 72$$

이번에는 이 수들의 제곱 합을 비교해보자.

$$1^2 + 6^2 + 7^2 + 17^2 + 18^2 + 23^2 = 1{,}228$$

$$2^2 + 3^2 + 11^2 + 13^2 + 21^2 + 22^2 = 1{,}228$$

세제곱, 네제곱, 다섯제곱의 합 역시 모두 같다.

12개의 수를 똑같은 정수만큼 늘리거나 줄여도 이 특성은 변하지 않는다. 예를 들어 각 수에서 12를 빼면 다음과 같다.

$$(-11, -6, -5, 5, 6, 11), \quad (-10, -9, -1, 1, 9, 10)$$

각 그룹에 음수와 양수가 정확히 일치하기 때문에 수의 합이 같을 뿐만 아니라 세제곱의 합과 다섯제곱의 합도 같다. 제곱이나 네제곱의 경우를 확인하는 게 어렵지는 않을 것이다.

다음의 공식으로부터 이런 수들의 그룹을 원하는 대로 많이 얻을 수 있다.

$$(m-11)^n+(m-6)^n+(m-5)^n+(m+5)^n+(m+6)^n+(m+11)^n$$
$$=(m-10)^n+(m-9)^n+(m-1)^n+(m+1)^n+(m+9)^n+(m+10)^n$$

m은 임의의 정수이고 $n=1, 2, 3, 4, 5$다.

(이 문제에 대한 답은 이 책의 '해답'에 실려 있지 않다.)

규칙적인 4차 마방진

1, 2, 4, 8로 이루어진 수 집합이 있다. 1부터 15 사이의 수들은 이 집합의 수들을 이용하여 반복 없이 하나 이상 수들의 합으로 표현할 수 있다.

즉 1 = 1, 2 = 2, 3 = 1 + 2, 4 = 4, 5 = 1 + 4, 이런 식으로 15 = 1 + 2 + 4 + 8까지 쓸 수 있다는 것이다.

4차 마방진을 만들고 각 숫자에서 1씩 빼면 칸에는 0부터 15 사이의 숫자가 들어갈 것이다(첫 번째 그림).

9	14	2	5
15	4	8	3
0	11	7	12
6	1	13	10

4×4 사각형 4개를 그려라.

첫 번째에는 원래의 마방진에서 (설명대로) 1을 포함하는 합으로 표현되는 수가 든 칸에 1을 쓴다. 두 번째에는 2가 합에 든 수의 칸에 2를 쓰고, 세 번째는 4를, 네 번째는 8을 쓴다. 그 결과가 다음 4개의 사각형이다.

1			1
1			1
	1	1	
	1	1	

	2	2	
2			2
	2	2	
2			2

	4		4
4	4		
		4	4
4		4	

8	8		
8		8	
	8		8
		8	8

이러한 4개의 사각형이 그 자체로 마방진일 때, 원래의 4차 마방진은 규칙적(regular)이라고 일컬어진다. 그래서 이 문제에서 앞에 소개된 마방진도 규칙적이다.

0	4	15	11
9	13	2	6
14	10	5	1
7	3	8	12

		1	1
1	1		
		1	1
1	1		

		2	2
		2	2
2	2		
2	2		

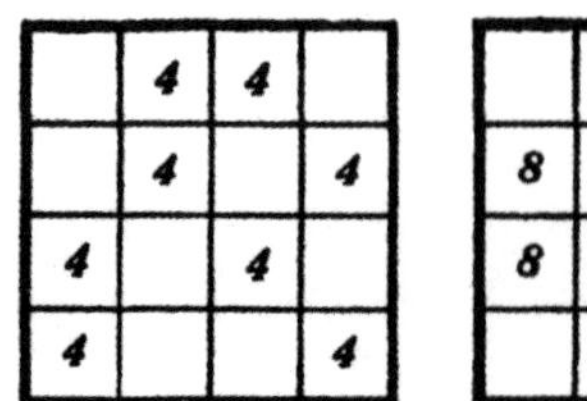

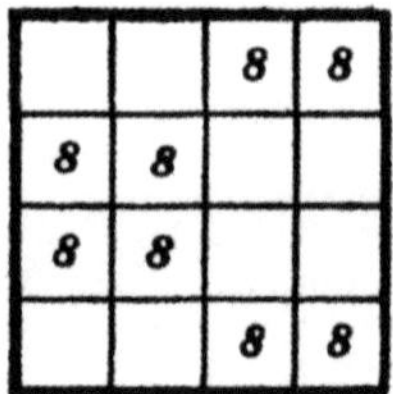

바로 앞 그림의 사각형의 경우, (마지막 그림의 4개 사각형 중에서) 두 번째와 세 번째 행렬이 주대각선에 대해 마방진이 아니기 때문에 불규칙적이다.

회전형이나 거울상을 다른 형태의 사각형으로 세지 않는다면, 4차 마방진으로 규칙적인 것은 528개가 있다고 입증되어 있다.

(이 문제에 대한 답은 이 책의 '해답'에 실려 있지 않다.)

완전대각방진

마방진이 가로줄과 세로열, 주대각선을 따라서뿐만 아니라 소위 끊긴 대각선(주대각선과 평행한 작은 대각선들 중, 더하면 주대각선과 같은 길이가 되는 대각선들을 쌍으로 묶은 것. 즉 여기서는 서로 대응하는 작은 대각선 2개를 끊긴 대각선 1개로 본다. - 편집자)을 따라서도 일정한 합을 나타내는 방진을 완전대각방진이라고 한다. 다음 그림에 4차 마방진의 끊긴 대각선 6개가 표시되어 있다.

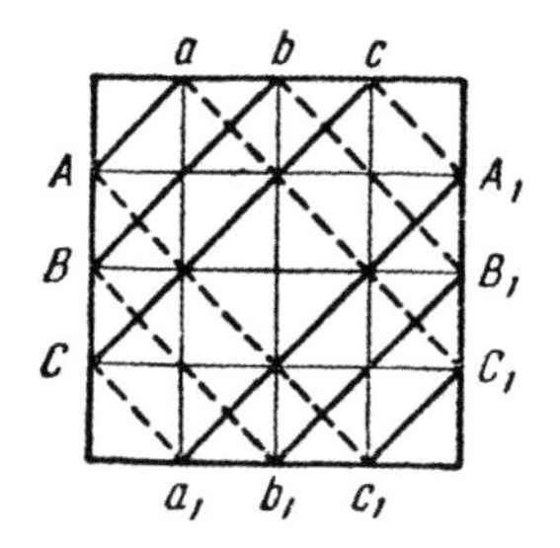

Aa와 a_1A_1, Bb와 b_1B_1, Cc와 c_1C_1

cA_1과 Ac_1, bB_1과 Bb_1, aC_1과 Ca_1

5차 마방진에는 8개의 끊긴 대각선이 있다(다음 페이지 왼쪽 그림 참조). 차수가 올라갈 때마다 끊긴 대각선의 개수는 2씩 증가한다.

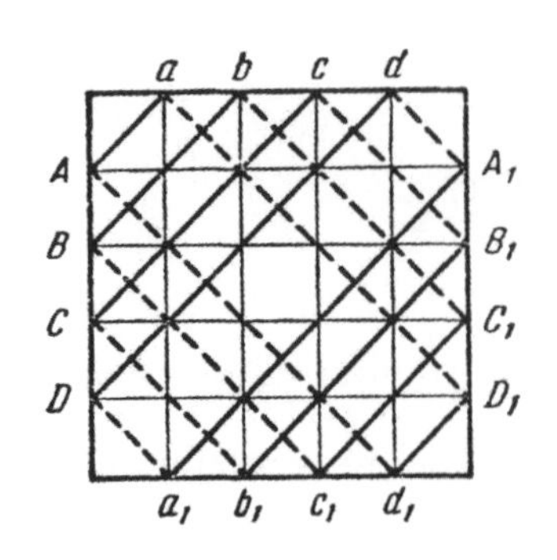

	0	1	2	3	4
0	1	8	15	17	24
1	20	22	4	6	13
2	9	11	18	25	2
3	23	5	7	14	16
4	12	19	21	3	10

3차에서 기본적인 마방진 형태는 하나뿐인데, 이는 완전대각방진이 아니다. 또한 (4k+2)차에는 완전대각방진이 없다는 사실이 증명되었다. 이때 k는 임의의 양의 정수다(예를 들어 6차와 10차 완전대각방진은 없다).

그 외 다른 차수의 완전대각방진은 모두 존재한다. 위 오른쪽 그림은 5차 완전대각방진을 보여준다. 가로줄, 세로열, 주대각선, 끊긴 대각선(총 20개) 모두 합이 65다.

이 완전대각방진은 328번 문제의 큰 플라네타리움 문제의 다른 형태로 볼 수 있다.

(이 문제에 대한 답은 이 책의 '해답'에 실려 있지 않다.)

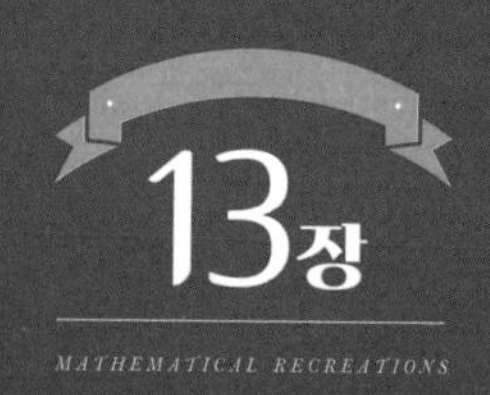

흥미롭고 진지한 수

기이한 수의 특성 Curious and Serious

이 장은 여러 재미있는 수들의
기이한 특성들에 대해서 이야기한다.
그리고 이 책에서 가장 어려운 문제들도 몇 개 살펴볼 것이다.

열 자리 수

(A) 거의 모든 인류가 1부터 9까지의 숫자와 0으로 사물의 개수를 세는 십진법을 사용한다. 각 숫자를 한 번씩만 써서 서로 다른 열 자리 정수를 몇 개나 만들 수 있을까? 백만 개? 혹은 그보다 적을까? 가능한 숫자를 실제로 모두 써보지 않고서 어떻게 답을 알 수 있을까?

(B) 다음의 열 자리 수 6개를 살펴보자.

1,037,246,958

1,286,375,904

1,370,258,694

1,046,389,752

1,307,624,958

1,462,938,570

각 수는 서로 다른 10개의 숫자로 이루어졌고, 2로 나누면 서로 다른 9개의 숫자로 이루어진 수가 되며, 9로 나누면 서로 다른 8개의 숫자로 이루어진 수가 된다.

9로 나누었을 때의 몫이 회문 형태(오른쪽에서 왼쪽으로 읽어도, 왼쪽에서 오른쪽으로 읽어도 똑같은 형태)로 나타나는, 서로 다른 열 자리 숫자로 이루어진 수가 존재한다. 찾을 수 있겠는가?

(C) 다음 수를 살펴보자.

$$a = 123,456,789$$

$$b = 987,654,321$$

이들은 0을 제외하고 숫자가 반복되지 않는, 아홉 자리의 가장 큰 수와 가장 작은 수다. 이들의 차(b - a)에도 앞의 예들처럼 서로 다른 9개의 숫자가 나타난다.

$$987,654,321 - 123,456,789 = 864,197,532$$

a와 b를 0과 1을 제외한 모든 한 자리 숫자와 차례로 곱해보자. 계산 결과의 어떤 특성을 보고, 곱하는 수를 2, 4, 5, 7, 8과 3, 6, 9라는 두 그룹으로 나눌 수 있을까? 참고로 b = 8a + 9다.

(D) 12,345,679(8만 빼고 각 자리의 숫자가 점점 증가하는 순서)를 임의의 한 자리 숫자와 곱한 다음, 다시 9와 곱하라. 마지막 결과의 각 자리의 모든 숫자는 처음에 곱한 숫자와 같다. 예를 들면

다음과 같다.

$$\begin{array}{r} 12{,}345{,}679 \\ 7 \\ \hline 86{,}419{,}753 \\ 9 \\ \hline 777{,}777{,}777 \end{array} \qquad \begin{array}{r} 12{,}345{,}679 \\ 8 \\ \hline 98{,}765{,}432 \\ 9 \\ \hline 888{,}888{,}888 \end{array}$$

왜 이렇게 될까?

THE MOSCOW PUZZLES **341** MATHEMATICAL RECREATIONS

더 많은 특이한 수

(A) 전신용 테이프가 수 9,801의 중간에서 찢어졌다. 재미삼아 나는 98과 01을 더하고, 그 결과를 제곱했다. 그리고 처음의 결과를 얻었다. 즉 $(98+01)^2=9{,}801$이다.

이런 계산은 3,025에도 통하고, 다른 네 자리 수 하나에도 통한다. 이 네 자리 수를 찾아라. 또 더 이상 이런 수가 없음을 증명하는 가장 좋은 방법은 무엇일까?

(B) 다음 배열을 살펴보자.

A

1	3	5	7	9	11	13	. . .
1	4	7	10	13	16	19	. . .
1	5	9	13	17	21	25	. . .
1	6	11	16	21	26	31	. . .
1	7	13	19	25	31	37	. . .
1	8	15	22	29	36	43	. . .
1	9	17	25	33	41	49	. . .
.	.	.	.	.	.	.	*C*

각 열의 첫째 숫자는 1이고, 1행에서 인접한 다음 숫자와의 차는 2다. 2행은 3이고, 3행은 4가 되는 식으로 계속 진행된다. 이 배열은 오른쪽으로, 또 아래로 끝없이 이어진다.

직각모서리(예전에는 그노몬gnomon이라고 불렀다)에 위치한 숫자들을 더하면 그 합은 n^3이 된다. n^3은 열의 번호다. 예를 들어 두 번째 모서리에서는 $1+4+3=2^3$이고, 세 번째는 $1+5+9+7+5=3^3$이 된다.

대각선 AC에 있는 숫자는 열의 번호를 제곱한 것이다. AC의 일부를 대각선으로 갖는 정사각형 안에 있는 숫자들의 합은 제곱수다. 예를 들어 25, 36, 49를 대각선으로 갖는 정사각형 안에 있는 숫자들의 합은 $25+31+37+29+36+43+33+41+49=324=18^2$이다.

대각선 AC 위에 있는 다른 정사각형 배열들도 살펴보라.

(C) 37에는 몇 가지 흥미로운 특성이 있다.

① $37 \times 3, 6, 9, \cdots, 27 = 111, 222, 333, \cdots, 999$

② (37의 각 자리 숫자의 합)×37 = (37의 각 자리 숫자의 세제곱 수의 합)

$$(3+7) \times 37 = 3^3 + 7^3$$

③ 37 각 자리 숫자의 제곱수의 합에서 각 자리 숫자의 곱을 빼면 37. 즉 $(3^2+7^2)-(3 \times 7)=37$

④ 37의 배수인 세 자리 수를 찾는다. 예를 들어 $37 \times 7 = 259$라고 하자. 이 수를 순환식으로 자리 바꿈(각 자리가 하나씩 옆으로 이동하고, 맨 마지막 자리의 숫자는 맨 앞으로 이동하는 방식 - 편집자)하면 925가 되고, 다시 같은 방식으로 순서를 바꾸면 592가 된다. 둘 다 37로 나누어진다. 또 다른 예를 들면 185/ 518/ 851이 있다.

독자 스스로 왜 이게 사실인지 설명해보자. (힌트: $100a+10b+c$가 37로 나누어지면 $1000a+100b+10c$는 어떨까? $a+100b+10c$는?)

41의 배수인 다섯 자리 수도 37과 동일한 특성을 지녔다. 15,498 / 81,549 / 98,154 / 49,815 / 54,981 모두 41로 나누어진다.

계산 반복하기

(A) 임의의 양의 정수 4개를 나란히 쓴다(예: 8, 17, 3, 107). 첫 번째와 두 번째 수의 차, 두 번째와 세 번째의 차, 세 번째와 네 번째의 차, 네 번째와 첫 번째 수의 차를 (모두 양수로) 구하라.

$$17-8=9 \qquad 17-3=14$$
$$107-3=104 \qquad 107-8=99$$

이를 '첫 번째 차'라고 부르자(9, 14, 104, 99). 그러면 두 번째 차는 5, 90, 5, 90이고, 세 번째 차는 85, 85, 85, 85, 네 번째 차는 0, 0, 0, 0이다.

처음에 고른 숫자를 A_0이라고 하고, 앞의 차를 각각 A_1, A_2, A_3, … 라고 하자. 93, 5, 21, 50의 경우에는 0, 0, 0, 0이 되는데

$$A_0=(93,\ 5,21,50) \qquad A_4=(58,30,4\ ,32)$$
$$A_1=(88,16,29,43) \qquad A_5=(28,26,28,26)$$
$$A_2=(72,13,14,45) \qquad A_6=(\ 2,\ \ 2,\ \ 2,\ \ 2)$$
$$A_3=(59,\ \ 1,31,27) \qquad A_7=(\ 0,\ \ 0,\ \ 0,\ \ 0)$$

로 7단계가 걸린다. 1, 11, 130, 1,760에서는 6단계가 걸린다. 일반적으로는 8단계면 충분하다. 그렇다면 마지막에 0으로 된 차를 만들지 않는 정수 4개 쌍도 있을까? 정수 2^n으로 이루어지지 않은 숫자열이 나오면 이런 식의 열이 만들어지는 경우도 있다.

$A_0 = (2, 5, 9)$ $A_5 = (1, 1, 0)$

$A_1 = (3, 4, 7)$ $A_6 = (0, 1, 1)$

$A_2 = (1, 3, 4)$ $A_7 = (1, 0, 1,)$

$A_3 = (2, 1, 3)$ $A_8 = (1, 1, 0)$

$A_4 = (1, 2, 1)$

$A_8 = A_5$다. 그러므로 A_5, A_6, A_7 열이 계속해서 반복된다.

(B) 임의의 정수를 고른 다음, 각 자리 숫자의 제곱수를 합한다. 이를 반복하다 보면 결국에 1이나 89에 도달하게 될 것이다. 31을 예로 들면 다음과 같다.

$3^2 + 1^2 = 10$ $1^2 + 0^2 = 1$

10의 거듭제곱수, 또는 일반적으로 1, 3, 6, 8(각 숫자는 한 번만 사용되어야 한다)로 이루어진 수나 0이 들어간 수에서는 1이 나오게 된다. 예를 들면 13 / 103 / 3,001 / 68 / 608 / 8,006 등의 수가 그렇다.

다른 모든 수들은 89를 만든다. 48을 예로 들어보자.

$$4^2+8^2=80 \qquad 5^2+2^2=29$$
$$8^2+0^2=64 \qquad 2^2+9^2=85$$
$$6^2+4^2=52 \qquad 8^2+5^2=89$$

계속하면 다음을 얻을 수 있다.

$$8^2+9^2=145 \qquad 4^2=16$$
$$1^2+4^2+5^2=42 \qquad 1^2+6^2=37$$
$$4^2+2^2=20 \qquad 3^2+7^2=58$$
$$2^2+0^2=4 \qquad 5^2+8^2=89$$

중간의 수들은 145, 42, 20, 4, 16, 37, 58이다. 89 대신 이중 하나를 마지막 수라고 할 수도 있지만, 차이는 없다.

세 자리나 그 이상의 수에서 이 과정을 시작하면, 결국에 한 자리나 두 자리 숫자에 도달하게 된다는 것을 증명할 수 있겠는가? 모스크바의 수학자 I. Y. 타나타르는 이 방법을 숫자 하나하나마다 적용하여 따져볼 수 있다고 말했다.

독자 스스로 정수의 세제곱 수와 네제곱 수의 합도 반복된다는 사실을 확인해보라.

숫자 회전판

나는 숫자의 화수분 단지에서 시계판에 써놓은 여섯 자리 수를 찾아냈다. 이를 1, 2, 3, 4, 5, 6과 곱하면 다음과 같다.

$$142{,}857 \times \begin{cases} 1 = 142{,}857 \\ 2 = 285{,}714 \\ 3 = 428{,}571 \\ 4 = 571{,}428 \\ 5 = 714{,}285 \\ 6 = 857{,}142 \end{cases}$$

1 4 2 8 5 7

각각의 곱은 시계판 그림에서 시계방향으로 읽을 수 있다. 또한 각 결과의 처음 세 자리 수와 뒤의 세 자리 수를 더하면 항상 999가 된다.

다음 일곱 자리 수의 곱셈 결과를 살펴보자.

$$142{,}857 \times \begin{cases} 8 = 1{,}142{,}856 & (142{,}856 + 1 = 142{,}857) \\ 9 = 1{,}285{,}713 & (285{,}713 + 1 = 285{,}714) \\ 10 = 1{,}428{,}570 & \ldots\ldots \\ 11 = 1{,}571{,}427 & \ldots\ldots \\ \ldots\ldots & \ldots\ldots \\ 69 = 9{,}857{,}133 & (857{,}133 + 9 = 857{,}142) \end{cases}$$

항상 142,857이 순환치환(cyclic permutation, 한 자리씩 숫자가 옆으로 이동하고, 맨 마지막 자리 숫자는 맨 앞으로 자리를 옮기는 이동 방식-편집자)되고 있는 괄호 안의 계산값은 뒤의 여섯 자리 숫자와 제일 앞의 숫자를 더한 합이다.

142,857×7 = 999,999임을 생각해보자.

이 계산 결과에서 우리는 142,857이 분수 1/7의 소수점 아래 순환마디임을 알 수 있다. 나눗셈을 해보면 1/7 = 0.142857142857142857… 이다.

분수 a/b가 특정 숫자로 반복되면, 그 순환마디는 (b-1)자리를 넘어설 수 없다. 다만 그 순환마디의 자릿수가 (b-1)의 약수일 수는 있다. 만약 이 특정 숫자가 (b-1)자리라면, 이것은 완전한 순환마디(소수점 아래 첫째 자리부터 순환되는 소수인 순순환소수의 순환마디-편집자)다.

1/n이 소수점 아래 완전한 순환마디를 가졌을 경우 그 순환마디는 1/7의 완전한 순환마디인 142,857과 같은 특성을 가진다. 예를 들어 1/17은 완전한 순환마디인 0588235294117647을 가지며, 이를 1부터 16 사이의 임의의 숫자와 곱하면 그 자체의 순서가 순환적으로 변형되는 수가 나온다. 또한 17을 곱하면 16개의 9로 이루어진 수가 된다.

(이 문제의 답은 이 책의 '해답'에 실려 있지 않다.)

344

즉석 곱셈판

다음의 판은 안쪽 바퀴에 있는 숫자들(052,631,578,947,368,421)과 바깥쪽 바퀴에 있는 1부터 18까지의 숫자들의 곱을 알려준다. 안쪽 바퀴를 돌려서 0이 2를 보게 하면, 그 곱셈 결과를 안쪽 바퀴에서 읽을 수 있다. 105,263,157,894,736,842다.

이는 안쪽 바퀴의 숫자들이 1/19의 완전한 순환마디로, 여기에 1부터 18까지의 숫자를 곱하면 그 결과가 이 수의 순환수가 되기 때문에 가능하다.

완전한 순환마디에서 처음 9개의 소수는 7, 17, 19, 23, 29, 47, 59, 61, 97이다. 각각에 관한 곱셈판을 만들 수도 있다.

(이 문제의 답은 이 책의 '해답'에 실려 있지 않다.)

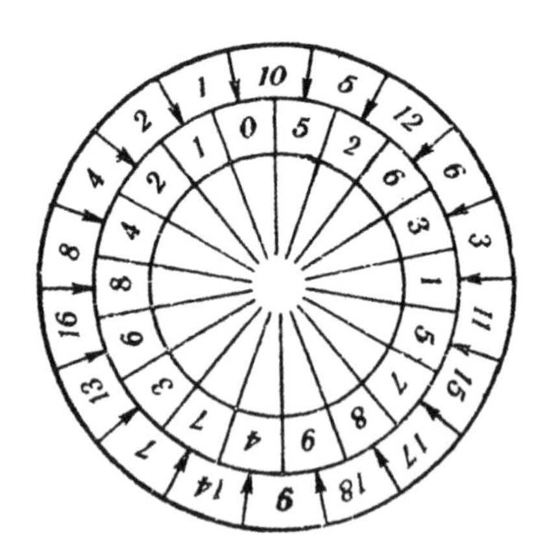

지적 훈련

암산으로 142,857을 7,000 이하의 임의의 수와 곱하기 위해서 번개처럼 빠른 인간 계산기가 될 필요는 없다. 343번 문제에서 우리는 142,857×11=1,571,427이라는 일곱 자리의 계산 결과로부터 첫 번째 자리를 마지막 자리에 더해서 142,857의 순환수로 만들 수 있음을 보았다.

$$1+571,427=571,428$$

이와 비슷하게 여덟 자리 계산 결과에서는 앞의 두 자리를, 아홉 자리 계산 결과에서는 앞의 세 자리를 옮길 수 있다.

$142,857\times111=15,857,127$ $\quad$ $15+857,127=857,142$

$142,857\times1,111=158,714,127$ $\quad$ $158+714,127=714,285$

이를 이용하면 암산이 쉬워진다. 예를 들어 142,857×493을 계산해야 한다고 하자. 493을 7로 나누면 $70\frac{3}{7}$이 나온다. 그러면 이 값의 처음 두 자리는 70이고, 뒤의 여섯 자리는 142,857의 순환수보다 70만큼 작을 것이다. 3/7의 경우에는 428,571의 변형이다. 따라서 답은 다음과 같다.

$$142{,}857 \times 493 = 70{,}428{,}501$$

이번에는 378을 곱해야 한다고 해보자.

378을 7로 나누면 나머지 없이 54가 몫으로 나온다.

이를 $53\frac{7}{7}$이라고 표현해보자. 그러면 처음 두 자리는 53이 되고, 뒤의 여섯 자리는 (당신도 알듯이) 999,999보다 53 작은 수가 된다. 따라서 답은 53,999,946이다.

(이 문제의 답은 이 책의 '해답'에 실려 있지 않다.)

숫자 패턴

(A) 숫자들로 눈송이의 복잡한 패턴을 연상시키는 형태를 만들 수 있다. 다음은 평범한 곱셈 몇 개가 놀라운 결과를 만들어 내는 경우다.

77
X 77
49
4949
49
5929

또는

77
X 77
7
777
847 X 7 = 5929

666
X 666
36
3636
363636
3636
36
443556

또는

666
X 666
6
666
66666
73926 X 6 = 443556

777777777777
X 777777777777
49
4949
494949
49494949
4949494949
494949494949
49494949494949
4949494949494949
494949494949494949
49494949494949494949
4949494949494949494949
494949494949494949494949
4949494949494949494949
49494949494949494949
494949494949494949
4949494949494949
49494949494949
494949494949
4949494949
49494949
494949
4949
49
604938271603728395061729

또는

777777777777
X 777777777777
7
777
77777
7777777
777777777
77777777777
7777777777777
777777777777777
77777777777777777
7777777777777777777
777777777777777777777
77777777777777777777777
86419753086246913580247
X 7
604938271603728395061729

(B) 1부터 9까지의 숫자들이 다음의 각 수식에서 딱 한 번씩만 나온다.

$1,738 \times 4 = 6,952$ $\quad$ $483 \times 12 = 5,796$

$1,963 \times 4 = 7,852$ $\quad$ $297 \times 18 = 5,346$

$198 \times 27 = 5,346$ $\quad$ $157 \times 28 = 4,396$

$138 \times 42 = 5,796$ $\quad$ $186 \times 39 = 7,254$

(C) 다음 수식들은 양변에 같은 숫자들을 갖고 있다.

$42 \div 3 = 4 \times 3 + 2$ $\quad$ $\sqrt{121} = 12 - 1$

$63 \div 3 = 6 \times 3 + 3$ $\quad$ $\sqrt{64} = 6 + \sqrt{4}$

$95 \div 5 = 9 + 5 + 5$ $\quad$ $\sqrt{49} = 4 + \sqrt{9} = 9 - \sqrt{4}$

$(2+7) \times 2 \times 16 = 272 + 16$ $\quad$ $\sqrt{169} = 16 - \sqrt{9} = \sqrt{16} + 9$

$5^{6-2} = 625$ $\quad$ $\sqrt{256} = 2 \times 5 + 6$

$(8+9)^2 = 289$ $\quad$ $\sqrt{324} = 3 \times (2+4)$

$2^{10} - 2 = 1,022$ $\quad$ $\sqrt{11,881} = 118 - 8 - 1$

$2^{8-1} = 128$ $\quad$ $\sqrt{1,936} = -1 + 9 + 36$

$4 \times 2^3 = 4^3 \div 2 = 34 - 2$ $\quad$ $\sqrt[3]{1,331} = 1 + 3 + 3 + 1 + 3$

(D) 다음 수식들에서는 두 부분으로 나뉜 어떤 수에 대해 원래의 수와 두 부분의 합을 곱한 값이 각 부분의 세제곱을 합한 값과

같음을 보여준다.

$$37\times(3+7) = 3^3+7^3$$
$$48\times(4+8) = 4^3+8^3$$
$$111\times(11+1) = 11^3+1^3$$
$$147\times(14+7) = 14^3+7^3$$
$$148\times(14+8) = 14^3+8^3$$

(E) 숫자도 결정체처럼 커질 수 있다.

$$16 = 4^2$$
$$1{,}156 = 34^2$$
$$111{,}156 = 334^2$$
$$11{,}115{,}556 = 3{,}334^2$$
$$1{,}111{,}155{,}556 = 33{,}334^2$$
$$111{,}111{,}555{,}556 = 333{,}334^2$$

16 같은 두 자리 제곱수 $(10a+b)$가 딱 하나 더 있다. 가운데에 아무리 여러 번 $(10a+b-1)$을 집어넣어도 새로운 수는 어쨌든 제곱수다. 이 수를 찾을 수 있겠는가?

(F) 9는 또 다른 종류의 결정체 형태를 이룬다. 이를 09로 써보

자. 왼쪽에 1을 매번 덧붙이고, 오른쪽에서 두 번째 자리에는 매번 8을 넣자.

$$09 = 3^2$$
$$1{,}089 = 33^2$$
$$110{,}889 = 333^2$$
$$11{,}108{,}889 = 3{,}333^2$$

덧붙인 숫자는 0보다 1 크고, 9보다 1 작다. 비슷하게 36으로 하면 3보다 1 크고 6보다 1 작은 숫자를 계속 덧붙일 수 있다.

$$36 = 6^2$$
$$4{,}356 = 66^2$$
$$443{,}556 = 666^2$$

두 번째 타입의 또 다른 제곱수를 찾아라.

하나는 모두를 위해

(A) 1부터 10까지 일반적인 10개의 숫자를 이용해서 수를 쓰는 대신, 딱 하나의 숫자로만 표현할 수도 있다.

$1 = 2 + 2 - 2 - \frac{2}{2}$

$2 = 2 + 2 + 2 - 2 - 2$

$3 = 2 + 2 - 2 + \frac{2}{2}$

$4 = 2 \times 2 \times 2 - 2 - 2$

$5 = 2 + 2 + 2 - \frac{2}{2}$

$6 = 2 + 2 + 2 + 2 - 2$

$7 = 22 \div 2 - 2 - 2$

$8 = 2 \times 2 \times 2 + 2 - 2$

$9 = 2 \times 2 \times 2 + \frac{2}{2}$

$10 = 2 + 2 + 2 + 2 + 2$

각각 5개의 '2'를 써서 11부터 26까지의 수를 표현하라. 앞에 쓰인 부호들 외에 지수나 괄호를 써도 된다.

(B) 1부터 10까지의 수를 각각 4개의 '4'를 이용해서 표현하라.

(C) 2부터 9까지의 수들은, 0을 제외한 모든 숫자가 딱 한 번씩만 쓰인 분수 형태로 표현될 수 있다. 예를 들면 다음과 같다.

$$2 = \frac{13,458}{6,729} \qquad 4 = \frac{15,768}{3,942}$$

같은 방식으로 3, 5, 6, 7, 8, 9에 해당하는 분수를 써보자.

(D) 10개의 숫자를 전부 이용해 여섯 가지 각기 다른 방법으로 9를 분수로 표현해보자. 그중 세 가지는 다음과 같다.

$$9 = \frac{97,524}{10,836} = \frac{57,429}{06,381} = \frac{95,823}{10,647}$$

다른 것들을 찾을 수 있겠는가?

(힌트: 주어진 분수에서 분모와 분자 간에는 숫자를 이동시키지 말고 숫자들의 위치를 서로 바꾸어보라.)

기묘한 수

(A) 곱이 합의 역이 될 수 있다.

$$9+9=18 \qquad 9\times9=81$$
$$24+3=27 \qquad 24\times3=72$$
$$47+2=49 \qquad 47\times2=94$$
$$497+2=499 \qquad 497\times2=994$$

(B) 어떤 두 자리 수의 곱은, 두 수를 각각 역순으로 바꾼 수의 곱과 같을 수 있다.

$$12\times42=21\times24 \qquad 24\times63=42\times36$$
$$12\times63=21\times36 \qquad 24\times84=42\times48$$
$$12\times84=21\times48 \qquad 26\times93=62\times39$$
$$13\times62=31\times26 \qquad 36\times84=63\times48$$
$$23\times96=32\times69 \qquad 46\times96=64\times69$$

다른 네 쌍을 더 찾을 수 있겠는가?

(C) 인접한 두 수의 제곱이 같은 숫자로 이루어질 수 있다.

$13^2 = 169$ $157^2 = 24,649$ $913^2 = 833,569$

$14^2 = 196$ $158^2 = 24,964$ $914^2 = 835,396$

(D) 이런 특성을 가진 정수가 있을까?

① 이 수는 각 자리 숫자의 합의 네제곱이다.

② 두 자리씩 떼어내 3개 그룹으로 만들면, 이 두 자리 수들의 합은 제곱수다.

③ 숫자들을 역순으로 바꾼 후 다시 두 자리씩 3개 그룹으로 나누면, 두 자리 수들의 합이 앞과 똑같은 제곱수다.

있다. 234,256!

(E) 6개의 숫자 2, 3, 7, 1, 5, 6 무리는 다음과 같은 흥미로운 특성을 갖고 있다.

$$2 + 3 + 7 = 1 + 5 + 6$$

$$2^2 + 3^2 + 7^2 = 1^2 + 5^2 + 6^2$$

수많은 숫자 무리들이 이런 특성을 가지고 있다.

$$x_1 + x_2 + x_3 = y_1 + y_2 + y_3$$

$$x_1^2 + x_2^2 + x_3^2 = y_1^2 + y_2^2 + y_3^2$$

독자 스스로 이런 숫자 무리를 하나 찾아보라. 8개나 10개의 숫자로 이루어졌을 수 있다. 이런 특성은 세제곱에까지 미친다.

$$0 + 5 + 5 + 10 = 1 + 2 + 8 + 9$$

$$0^2 + 5^2 + 5^2 + 10^2 = 1^2 + 2^2 + 8^2 + 9^2$$

$$0^3 + 5^3 + 5^3 + 10^3 = 1^3 + 2^3 + 8^3 + 9^3$$

$$1 + 4 + 12 + 13 + 20 = 2 + 3 + 10 + 16 + 19$$

$$1^2 + 4^2 + 12^2 + 13^2 + 20^2 = 2^2 + 3^2 + 10^2 + 16^2 + 19^2$$

$$1^3 + 4^3 + 12^3 + 13^3 + 20^3 = 2^3 + 3^3 + 10^3 + 16^3 + 19^3$$

200여 년 전에 상트페테르부르크의 크리스티안 골드바흐와 스위스 출신의 천재 레온하르트 오일러가 이런 무리를 찾아내는 여러 수식을 만들어냈다.

숫자 6개가 한 무리인 경우 다음과 같다(모든 수식들에서 a, b, …는 양의 정수).

$$x_1 = a + c \qquad x_2 = b + c \qquad x_3 = 2a + 2b + c$$

$$y_1 = c \qquad y_2 = 2a + b + c \qquad y_3 = a + 2b + c$$

위에서 언급한 수식에서 a=1, b=2, c=1이다.

다음은 6개의 숫자를 생성하는 또 다른 수식이다.

$$x_1 = ad \qquad x_2 = ac + bd \qquad x_3 = bc$$
$$y_1 = ac \qquad y_2 = ad + bc \qquad y_3 = bd$$

8개의 숫자를 찾는 수식은 다음과 같다.

$$x_1 = a \qquad x_2 = b \qquad x_3 = 3a + 3b \qquad x_4 = 2a + 4b$$
$$y_1 = 2a + b \qquad y_2 = a + 3b \qquad y_3 = 3a + 4b \qquad y_4 = 0$$

(F) 다양한 숫자 무리들을 한 번 살펴보자.

$$1 + 6 + 7 + 17 + 18 + 23 = 2 + 3 + 11 + 13 + 21 + 22$$
$$1^2 + 6^2 + 7^2 + 17^2 + 18^2 + 23^2 = 2^2 + 3^2 + 11^2 + 13^2 + 21^2 + 22^2$$
$$1^3 + 6^3 + 7^3 + 17^3 + 18^3 + 23^3 = 2^3 + 3^3 + 11^3 + 13^3 + 21^3 + 22^3$$
$$1^4 + 6^4 + 7^4 + 17^4 + 18^4 + 23^4 = 2^4 + 3^4 + 11^4 + 13^4 + 21^4 + 22^4$$
$$1^5 + 6^5 + 7^5 + 17^5 + 18^5 + 23^5 = 2^5 + 3^5 + 11^5 + 13^5 + 21^5 + 22^5$$

다음 식이 이들의 생성 방정식이다.

$$a^n + (a+4b+c)^n + (a+b+2c)^n + (a+9b+4c)^n + (a+6b+5c)^n + (a+10b+6c)^n$$

$$= (a+b)^n + (a+c)^n + (a+6b+2c)^n + (a+4b+4c)^n + (a+10b+5c)^n + (a+9b+6c)^n$$

이때 a, b, c는 임의의 양의 정수, n은 1, 2, 3, 4, 5 중 하나다.

(G) $4^2+5^2+6^2=2^2+3^2+8^2$ 이런 식이 주어지면 다음이 성립한다.

$$42^2+53^2+68^2=24^2+35^2+86^2$$

하지만 첫 번째 수식에서 좌변-우변 순으로 양변의 숫자들을 합하고 제곱한 후 그 합을 구하고, 그 역순인 수들의 제곱의 합과 앞에서 구한 합을 비교하는 방식이 유일한 건 아니다. 다음의 다섯 가지 방법이 더 있다.

$$42^2+58^2+63^2=24^2+85^2+36^2$$

$$43^2+52^2+68^2=34^2+25^2+86^2$$

$$43^2+58^2+62^2=34^2+85^2+26^2$$

$$48^2+52^2+63^2=84^2+25^2+36^2$$

$$48^2+53^2+62^2=84^2+35^2+26^2$$

일반적으로 2n개의 한 자리 숫자들이 그 제곱수들과 다음과 같은 관계가 있다면,

$$x_1^2 + x_2^2 + \cdots + x_n^2 = y_1^2 + y_2^2 + \cdots + y_n^2$$

다음이 성립한다.

$$(10x_1 + y_1)^2 + (10x_2 + y_2)^2 + \cdots + (10x_n + y_n)^2$$
$$= (10y_1 + x_1)^2 + (10y_2 + x_2)^2 + \cdots + (10y_n + x_n)^2$$

첫 번째 수식의 우변의 순서를 바꿈으로써 n!=n(n-1)(n-2)…2(1) 같은 관계가 형성될 수 있다.

독자 스스로 1부터 9 사이의 숫자를 골라서 어떤 숫자가 x_1, x_2, x_3, x_4가 되고 어떤 숫자가 y_1, y_2, y_3, y_4가 될지를 결정하고, 두 자리 숫자의 제곱수 식을 여러 개 만들어보라.

(H) 다음은 6개의 두 자리 수와 그 역순인 수로 이루어진 12개 숫자 무리다.

13 + 42 + 53 + 57 + 68 + 97 = 79 + 86 + 75 + 35 + 24 + 31

132 + 422 + 532 + 572 + 682 + 972 = 792 + 862 + 752 + 352 + 242 + 312

133 + 423 + 533 + 573 + 683 + 973 = 793 + 863 + 753 + 353 + 243 + 313

$$12+32+43+56+67+87=78+76+65+34+23+21$$

$$122+322+432+562+672+872=782+762+652+342+232+212$$

$$123+323+433+563+673+873=783+763+653+343+233+213$$

(I) $145=1!+4!+5!=1+24+120$

$$40{,}585=4!+0!+5!+8!+5!$$

$$=24+1+120+40{,}320+120$$

(단 관례적으로 0!=1이다.)

이런 수는 더 이상 없다. 그러면 각 자리 숫자의 계승(factorial)의 합이 원래의 수보다 1 크거나 작은 네 자리 수를 찾을 수 있겠는가?

(J) 376의 모든 거듭제곱은 376으로 끝나고, 625의 모든 거듭제곱은 625로 끝난다.

$376^2=141{,}376 \qquad 376^3=53{,}157{,}376 \cdots$

$625^2=390{,}625 \qquad 625^3=244{,}140{,}625 \cdots$

이런 세 자리 수가 더 이상 없음을 어떻게 증명할 수 있을까?

독자 스스로 n자리 수의 제곱이 똑같은 n자리 수로 끝난다면 더 높은 모든 차수의 거듭제곱 역시 마찬가지임을 한 번 증명해 보라(예를 들어 $76^2=5{,}776$이고, 76의 더 높은 거듭제곱도 모두 76으로 끝난다).

양의 정수 수열

(A) 양의 정수 1, 2, 3, … 을 아래와 같이 삼각형 형태로 적고 살펴보자.

```
                                        .
                                      .....
                                   ...........
                         50 ..............
                      37 51 ..............
                   26 38 52 ..............
                17 27 39 53 ......  107  ...
             10 18 28 40 54 ......  108  ...
           5 11 19 29 41 55 ......  109  ...
         2 6 12 20 30 42 56 ......  110  ...
       1 3 7 13 21 31 43 57 ......  111  ...
         4 8 14 22 32 44 58 ......  112  ...
           9 15 23 33 45 59 ......  113  ...
             16 24 34 46 60 ......  114  ...
                25 35 47 61 ......  115  ...
                   36 48 62 ..............
                      49 63 ..............
                         64 ..............
```

① 각 세로열에서 가장 아래 있는 수는 (왼쪽에서 오른쪽으로) 세로열 번호의 제곱이다.

② 같은 행에서 나란히 있는 두 수의 곱은 그 행에서 찾을 수 있다. 예를 들면 5×11=55다. 곱셈 결과는 곱하는 수 중 더 작은 수 n부터 오른쪽으로 n만큼 간 위치에 있다. 예를 들어 55는 5에서 오른쪽으로 다섯 번째에 있다.

③ 가장 긴 행에 있는 수들은 $n^2-n+1=(n-1)^2+n$으로 n=1, 2, 3, 4, 5, …이다. 이 행에서 3 이후의 매 세 번째 수들은 3으로 나누어진다. 13이나 91 이후 매 열세 번째 수들도 13으로 나누어지는 등 같은 식으로 반복된다. 각 행에 있는 숫자들은 비슷한 특성을 지녔다.

(B) 연속된 양의 정수들은 연속적인 덧셈식으로 분해할 수 있다.

$$1+2=3$$

$$4+5+6=7+8$$

$$9+10+11+12=13+14+15$$

$$16+17+18+19+20=21+22+23+24 \cdots$$

① 각 단계에서 수식에 정수가 2개씩 늘어난다.

② 각 수식의 첫 번째 항은 우변에 있는 정수의 개수의 제곱이다. 그러므로 앞에 있는 식을 전부 쓰지 않아도 필요한 수식

을 쓸 수 있다.

(C) 처음 n개의 정수들의 제곱의 합은 다음과 같다.

$$1^2+2^2+3^2+\cdots+n^2=\frac{n(n+1)(2n+1)}{6}$$

처음 $\frac{1}{2}(n+1)$개 홀수들의 제곱 합은 처음 $\frac{1}{2}n$개 짝수들의 제곱 합과 식이 같다.

$$1^2+3^2+5^2+\cdots+n^2=\frac{(n+1)^3-(n+1)}{6}$$

$$2^2+4^2+6^2+\cdots+n^2=\frac{(n+1)^3-(n+1)}{6}$$

(D)

$$3^2+4^2=5^2$$

$$10^2+11^2+12^2=13^2+14^2$$

첫 번째 식은 피타고라스의 정리를 설명하는 데 사용되는, 가장 단순한 정수 변의 삼각형(두 변이 3과 4이고 빗변이 5인 삼각형)을 표현한 것이다. 두 번째 식은 러시아의 N. P. 보그다노프-벨스키가 제시한 '어려운 문제' 중 하나로 학생들에게 칠판에 쓰인 문제를 어떻게 암산으로 푸는지를 보여주던 것이다.

$$\frac{10^2+11^2+12^2+13^2+14^2}{365}=?$$

이 문제는 처음 3개 제곱의 합이 365이고, 마지막 2개도 마찬가지임을 알면 그리 '어려운 문제'가 아니다. 답은 2다.

양의 정수로 이루어져 있고, 좌변에 2개의 항이 있는 같은 종류의 다른 식을 찾을 수 있겠는가? 좌변에 3개의 항이 있는 것은? 좌변에 항이 4개, 5개, … 등이 있는 연속식이 있을까?

(E) ($3^2+4^2=5^2$처럼) 연속적인 두 양의 정수의 세제곱을 더한 값이 그다음으로 오는 수의 세제곱이 되는 수가 있을까?

없다. 이는 귀류법으로 증명 가능하다. 양의 정수를 $(x-1)$, x, $(x+1)$이라고 해보자. 그러면 다음이 성립한다.

$$(x-1)^3+x^3=(x+1)^3$$

$$2x^3-3x^2+3x-1=x^3+3x^2+3x+1$$

$$x^3-6x^2=x^2(x-6)=2$$

하지만 x^2이 양수이므로 $(x-6)$도 양수여야 하기에 x는 7 이상이어야 한다. 그러면 (최소한 49 이상)에 $(x-6)$(최소한 1 이상)을 곱한 수는 2보다 커지는데, 이는 불가능하다. 고로 이런 연속한 양의 정수 3개는 없다.

(F) 다음의 곱셈표를 보자.

이런 표에서는 당연히 곱셈 결과(예컨대 15)가 그 인수의 가로줄과 세로열의 교차점에 위치한다(3과 5 또는 5와 3). 표에서 직각 부분의 통로가 수직으로 굽어 있으므로, 다른 패턴도 쉽게 알아볼 수 있다.

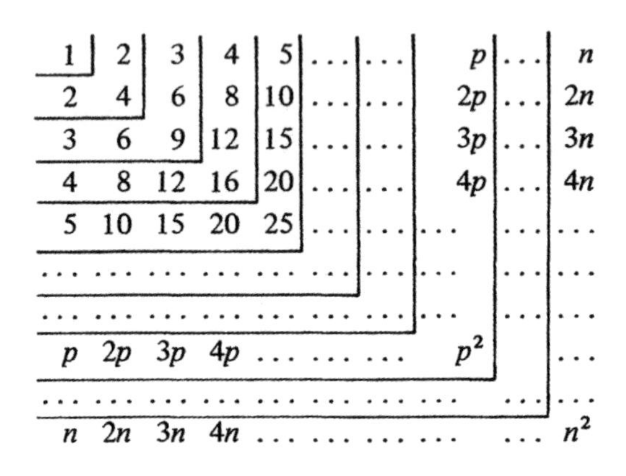

① 왼쪽 위 1이 포함된 정사각형 안의 숫자들 합은 제곱수다.

$$1 = 1^2$$

$$1 + 2 + 2 + 4 = 3^2$$

$$1 + 2 + 3 + 2 + 4 + 6 + 3 + 6 + 9 = 6^2$$

② 통로에 있는 숫자들의 합은 세제곱수다.

$$1 = 1^3$$

$$2 + 4 + 2 = 2^3$$

$$3 + 6 + 9 + 6 + 3 = 3^3$$

③ 제곱 배열은 1, 2, 3, ⋯, n개의 통로로 이루어져 있다.

다음과 같은, 오래된 유명한 공식이 있다.

$$1^3 + 2^3 + 3^3 + \cdots + n^3 = (1 + 2 + 3 + \cdots + n)^2$$

$1 + 2 + 3 + \cdots + n = \dfrac{n(n+1)}{2}$ (등차수열의 합)이므로 다음과 같다.

$$1^3 + 2^3 + 3^3 + \cdots + n^3 = \left[\frac{n(n+1)}{2}\right]^2$$

예상하기 어려운 기하학적 해석을 한 번 살펴보자! 다음 그림 (a)와 (b)에서 직사각형(정사각형도 포함)의 개수를 세어보라. 그림 (a)에는 9개가 있다.

2×2 정사각형	**1**
1×2 직사각형	**2 + 2**
1×1 정사각형	**4**
총	9개

(a)

그림 (b)에는 36개가 있다.

3×3 정사각형	1
2×3 직사각형	2 + 2
2×2 정사각형	4
1×3 직사각형	3 + 3
1×2 직사각형	6 + 6
1×1 정사각형	9
총	36개

(b)

오른쪽 숫자들은 표의 첫 번째 통로에 있는 숫자들이다. $2^2=4$ 칸의 정사각형에는 $1^3+2^3=9$개의 직사각형이 있고, $3^2=9$ 칸의 정사각형에는 $1^3+2^3+3^3=36$개의 직사각형이 있다. n^2칸의 정사각형에는 직사각형이 몇 개 있을까?

(G) 앞에서 소개했던 세제곱의 합에 관한 오래된 공식에서 각 항은 1, 2, 3, … 등으로 이루어진다. 프랑스 수학자 조제프 리우빌은 다음과 같이 세제곱의 합이 그 합의 제곱과 같아지는, 연속하지 않은 정수들(반복은 가능)을 찾는 일에 착수했다.

$$a^3+b^3+c^3+\cdots=(a+b+c+\cdots)^2$$

그의 뛰어난 방법은 다음의 예를 보면 쉽게 이해할 수 있다.

숫자 6은 1, 2, 3, 6으로 나누어진다. 1에는 약수가 1개 있고 2에는 둘(1, 2), 3에도 둘(1, 3), 6에는 4개(1, 2, 3, 6)가 있다. 이때 다음이 성립한다(약수의 개수에 주목! - 편집자).

$$1^3 + 2^3 + 2^3 + 4^3 = (1 + 2 + 2 + 4)^2 = 81$$

숫자 30의 약수는 1, 2, 3, 5, 6, 10, 15, 30이다. 이들은 각각 1, 2, 2, 2, 4, 4, 4, 8개의 약수를 갖는다.

$$1^3 + 2^3 + 2^3 + 2^3 + 4^3 + 4^3 + 4^3 + 8^3$$
$$= (1 + 2 + 2 + 2 + 4 + 4 + 4 + 8)^2 = 729$$

독자 스스로 다른 숫자들로 위와 같은 식을 만들어보자.

영구적인 차이

각 자리 숫자가 전부 같지 않은 네 자리 수를 하나 고른다. 각 자리 숫자를 이용해서 만든 가장 작은 네 자리 수를 m이라고 하고, 가장 큰 수를 M이라고 하자. (M-m)을 구한다. 이 절차를 반복하라(397은 0397로 취급하라). 그러다 보면 결국에는 6,174에 도달하게 될 것이다. 이 값은 영원히 지속된다. 왜냐하면

7,641 - 1,467 = 6,174

이기 때문이다. 예를 들어 4,818에서 시작해보자.

8,841 - 1,488 = 7,353

7,533 - 3,357 = 4,176

7,641 - 1,467 = 6,174 …

언제나 6,174에 도달한다는 것을 증명할 수 있을까? 많은 독자들이 이 문제에 도전했고 곧 네 자리 수 30개만 갖고 해보면 이를 증명할 수 있다는 사실이 밝혀졌다(이 결과에 대한 첫 번째 연락은 라잔의 Y. N. 람비나에게서 왔다).

이 30개의 숫자는 무엇일까? 두 자리 수에 대해서도 이와 같은 방식을 적용하면 항상 어떤 수에 도달할까? 세 자리 수의 경우에는? 또 다섯 자리 수의 경우에는?

회문형 합

이 문제는 아직 깨지지 않은 호두다. 어떤 정수에 그 역순의 수를 더한다. 그 합에, 합의 역순의 수를 더한다. 이런 식으로 합이 회문형(오른쪽에서 왼쪽으로 읽어도, 또 왼쪽에서 오른쪽으로 읽어도 똑같은 형태)이 될 때까지 계산을 반복하라.

38	139	48,017
83	931	71,084
121	1,070	119,101
	0,701	101,911
	1,771	221,012
		210,122
		431,134

많은 단계가 필요할 수도 있다(89에서 8,813,200,023,188까지 가는 데에는 24단계가 필요하다). 모든 정수는 결국에 회문 형태를 만

든다고 추측되었다.

리가의 산업 노동자인 P. R. 몰스는 75단계를 거쳐도 회문 형태가 만들어지지 않은 숫자 196을 발견했다. 일흔다섯 번째 합의 서른여섯 자리 수에서 그 과정을 계속 진행하는 대신 이 추론이 맞는지 틀린지를 증명하라.

(이 문제의 답은 이 책의 '해답'에 실려 있지 않다.)

[196은 캘리포니아의 찰스 W. 트릭스 역시 개별적으로 내놓았던 숫자로, 지금은 컴퓨터로 수천 단계를 거쳐도 회문 형태가 나오지 않음이 입증되었다. 2진법에서만 틀린 것으로 입증된 '회문 추론'에 관한 최신 정보를 알고 싶다면 〈사이언티픽 아메리칸(Scientific American)〉, 1970년 8월 판의 수학 게임 부분을 보라.-마틴 가드너]

MATHEMATICAL RECREATIONS

오래되었지만 영원히 젊은 수

소수, 피보나치수열 Prime, Fibonacci Numbers

숫자 중에서 가장 난해하지만 또 가장 실생활에서 밀접하게 사용되는 특정 수들을 살펴보자. 수학의 세계에서 오래 전부터 수학자들의 관심 대상이 되었지만 현 시대에도 여전히 그 유용성을 증명하고 있다.

소수와 합성수

양의 정수 N을 양의 정수 a로 나누었을 때, 양의 정수가 나오면 a는 N의 약수다.

1에는 약수가 1개 있다(1)

2에는 약수가 2개 있다(1, 2)

3에는 약수가 2개 있다(1, 3)

4에는 약수가 3개 있다(1, 2, 4)

소수는 2개의 약수를 가진 수이고, 합성수는 3개 이상의 약수를 가진 수다(1은 소수도, 합성수도 아니다). 가장 작은 소수인 2는 유일하게 짝수인 소수다. 홀수인 소수(3, 5, 7, …)나 홀수인 합성수(9, 15, 21, …)는 많다.

모든 합성수는 제각기 독특한 소수 집합의 곱이다.

$$12 = 2 \times 2 \times 3$$

$$363 = 3 \times 11 \times 11 \quad \cdots$$

소수는 곱셈을 통해 다른 모든 수를 만들어낼 수 있는 기본적인 수로 이것 하나만으로도 수학자가 소수에 큰 관심을 보이는 이유를 이해할 수 있을 것이다.

(이 문제에 대한 답은 이 책의 '해답'에 실려 있지 않다.)

THE MOSCOW PUZZLES 353 MATHEMATICAL RECREATIONS

에라토스테네스의 체

소수를 어떻게 찾을 수 있을까? 수가 크면 클수록 그 수가 소수인지 아닌지를 결정하는 일이 더 어려워진다.

잡곡에서 곡물을 걸러내려면 각 곡물의 크기에 맞춘 체를 연속으로 사용하면 된다. 소수를 골라내는 데에도 비슷한 방법이 쓰인다.

2부터 N까지의 모든 소수를 찾고 싶다고 해보자. 우선은 2부터 N까지의 모든 수를 순서대로 적는다. 첫 번째 소수는 2다. 여기에 밑줄을 그은 다음 2의 배수들을 전부 다 사선을 그어 지운다. 그다음 첫 번째로 남아 있는 수 3도 소수다. 여기에 밑줄을 치고 그 배수들을 모두 지운다. 5도 같은 방식으로 처리한다(4는 이미 지워졌다). 계속하면 2부터 N까지의 모든 합성수를 지우게 되며, 밑줄 친 숫자들이 2부터 N까지의 소수표를 이루게 된다.

2, 3, 4, 5, 6, 7, 8, 9, 10,
11, 12, 13, 14, 15, 16, 17, 18, 19, 20,
21, 22, 23, 24, 25, 26, 27, 28, 29, 30,
31, 32, 33, 34, 35, 36, 37, 38, 39, 40,

이 체는 그리스 수학자 에라토스테네스가 고안했다. 이 지겹지만 완벽하게 믿을 수 있는 방법에는 오늘날까지도 그의 이름이 붙어 있다.

수세기가 지나고 1부터 10,000,000 사이의 소수들이 모두 발견되었다. 미국 수학자 D. H. 레머는 이 소수들을 표로 만들고 신중하게 확인한 후, 1914년에 마침내 책으로 출간하는 선구적인 업적을 이루었다. 레머의 책은 모스크바의 레닌 도서관에 있고, 원한다면 복사도 가능하다.

레머보다 20년 전에 독학으로 공부했던 러시아 수학자 이반 미케예비치 페르부신도 10,000,000까지의 소수표를 만들어 러시아 과학 아카데미에 선물로 제출했다. 페르부신의 표는 아카데미 서고에 원본 그대로 보존되어 있지만 출간되지는 않았다.

프라하 대학의 교수인 J. P. 쿨리크는 100,000,000까지의 소수를 모두 찾았다(소수와 합성수의 약수로 총 6권 분량). 1867년 이래로 쿨리크의 표는 빈의 과학 아카데미 도서관에 보관되어 있다. 그런데 13,000,000 ~ 23,000,000 사이의 수가 든 한 권이 흔적도 없이 사라졌다. 사라진 소수들을 다시 찾거나 보존된 책들에서 숫자를 확인하는 것은 쉬운 일이 아니다.

(이 문제에 대한 답은 이 책의 '해답'에 실려 있지 않다.)

[오늘날에는 컴퓨터의 도움으로 현존하는 표를 훨씬 넘어서는 대단히 큰 소수들도 여럿 찾아냈다. 그중 한 소수 $2^{19,937}-1$은 1971년 미국 수학자 브라이언트 터커맨이 찾아냈다. 이 수는 6,002자리다! - 마틴 가드너]

소수는 총 몇 개

유클리드는 가장 큰 소수란 없음을 증명했다. 2부터 n까지 모든 소수를 곱하고 그 결과에 1을 더하면 그 답은 소수이거나, n보다 큰 소인수를 가진 합성수이기 때문이다.

소수는 불규칙적으로 자리 잡고 있지만, 정수 속에서 점차 줄어드는 모습을 보인다. 1보다 큰 정수 중에서 처음 10개에는 5개의 소수가 있고(50%), 처음 100개에는 26개가 있으며(26%), 처음 100만 개에는 8%가 있다. 큰 범위의 정수에 대하여 그 속에 존재하는 소수의 퍼센트를 상당히 정확하게 근사해내는 공식도 있다.

수학 토너먼트

수에 뛰어나 인간 계산기로 불린 레오나르도(보통 '피사의 레오나르도'라 한다)는 13세기 이탈리아에 살았다. 그는 또한 '보니치의 아들'이라는 뜻으로 피보나치라고도 불렸다. 1202년에 피보나치는 라틴어로 《리베르 아바치(Liber Abaci, 아바치에 대한 책)》를 출간했다. 이 책에는 당시 알려져 있던 대수와 기하학에 대한 모든 내용이 담겨 있었다. 또 유럽에 아랍 숫자로 계산하는 방법을 소개했던 최초의 책들 중 하나로 2세기가 넘도록 수 계산에 관한 궁극의 도서였다. 전통에 따라 피보나치는 많은 수학 토너먼트(어려운 문제를 가장 훌륭하게, 가장 빠르게 풀어야 하는 공개 시합)에 참여했다. 수 무제를 푸는 피보나치의 능력은 놀라웠다고 한다.

1225년, 신성로마제국의 황제 프레데릭 2세는 피보나치를 공개적으로 시험하기 위해 일단의 수학자들을 데리고 피사로 왔다. 피보나치의 명성이 그 정도로 높았던 것이다. 토너먼트에서 주어진 문제 중 하나는 다음과 같았다.

5를 줄여도, 또는 5를 늘려도 여전히 제곱수인 제곱수를 찾아라.

당연하게도 답은 정수가 아니다. 잠깐 생각한 후에 피보나치는 그 수를 찾아냈다.

$$\frac{1,681}{144} \text{ 또는 } \left(\frac{41}{12}\right)^2$$

5를 빼도 그 결과는 제곱수다.

$$\frac{961}{144} = \left(\frac{31}{12}\right)^2$$

그리고 5를 더해도 그 결과는 여전히 제곱수다.

$$\frac{2,401}{144} = \left(\frac{49}{12}\right)^2$$

G. N. 포포프의 《역사적인 문제들Historical Problems》(1932)에 한 해법이 실려 있다.

$$x^2 + 5 = u^2 \text{이고 } x^2 - 5 = v^2$$

그러면 $u^2 - v^2 = 10$이다. 하지만 $10 = \frac{80 \times 18}{12^2}$이다.
그러므로 $(u+v)(u-v) = \frac{80 \times 18}{12^2}$이다.
이때 $u+v = \frac{80}{12}$이고 $u-v = \frac{18}{12}$이라고 하자.
그러면 피보나치의 답을 얻을 수 있다.

이 해법이 토너먼트에서 피보나치가 답을 구한 방법일 수도 있다. 만약 그렇다면 10을 주어진 분수로 바꿀 수 있었던 그의 암산 능력이 얼마나 대단한 것인지 놀라울 정도다.

(이 문제에 대한 답은 이 책의 '해답'에 실려 있지 않다.)

피보나치수열

$$1, 1, 2, 3, 5, 8, 13, 21, 34, 55, \cdots$$

각각의 수는 앞의 두 수의 합과 같다. 즉 $1+1=2$, $1+2=3$, $\cdots$ 이런 식이다.

이 수열에서 2개의 연속적인 수를 y와 x라고 하면,

$$x^2-xy-y^2=1 \quad 또는 \quad x^2-xy-y^2=-1$$

일 것이다. 예를 들면

$$x=2 \qquad y=1$$

$$x = 5 \qquad y = 3$$

$$x = 13 \qquad y = 8$$

들이 첫 번째 방정식의 근이다. 그리고

$$x = 3 \qquad y = 2$$

$$x = 8 \qquad y = 5$$

$$x = 21 \qquad y = 13$$

이 두 번째 방정식의 근이다.

피보나치수열은 수학자들뿐만 아니라 식물학자들에게도 중요하다. 가지의 잎은 대체로 줄기 주위에 나선형으로 자란다. 즉 잎 하나하나가 이전 것보다 조금 더 위에, 약간 더 옆에 자라난다. 각 식물마다 인접한 잎이 돋아나는 위치 사이에는 특정 각도가 있다. 이 각도는 대개 360도에 대한 분수로 표현된다. 참피나무와 느릅나무의 경우, 이 값은 1/2이다. 너도밤나무는 1/3이고, 참나무와 벚나무는 2/5, 포플러와 배나무는 3/8, 버드나무는 5/13다. 각 나무의 가지와 꽃봉우리, 꽃의 배열에서도 이 각도는 똑같이 유지된다. 이 분수는 피보나치수열로 이루어져 있다.

(이 문제에 대한 답은 이 책의 '해답'에 실려 있지 않다.)

도형 패러독스

어떤 도형을 잘라서 그 일부를 재배열하면, 모양은 바뀌지만 면적은 당연히 바뀌지 않는다.

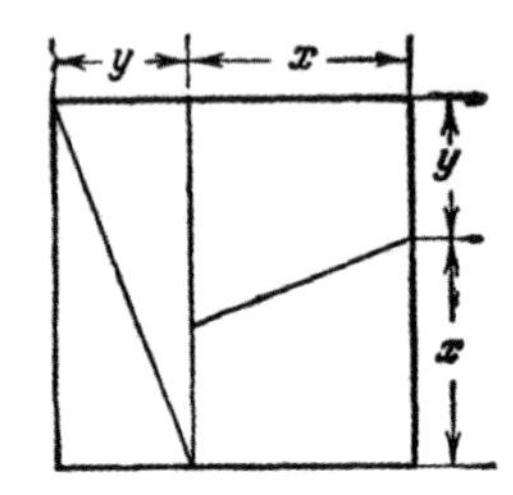

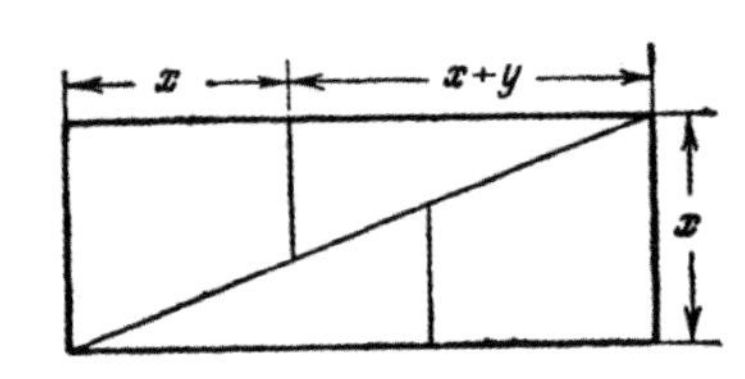

하지만 위의 그림을 한 번 보자. 정사각형을 서로 합동인 2개의 삼각형과, 역시 서로 합동인 2개의 사다리꼴로 잘랐다. 그림처럼 정사각형을 직사각형으로 바꿀 수 있는 x, y를 찾을 수 있을까?

어떤 젊은 친구가 나에게 이렇게 말했다.

"모눈종이를 써서 x와 y를 찾으려고 해봤는데, 조각이 직사각형을 만들지 못했어요. $x=5$, $y=3$을 해봤더니 직사각형 넓이가 $5\times13=65$가 되더군요." (옆 페이지 그림을 보라.)

하지만 처음 정사각형의 넓이는 64다!

"13×13 정사각형의 경우($x=8$, $y=5$)에 제 직사각형의 넓이

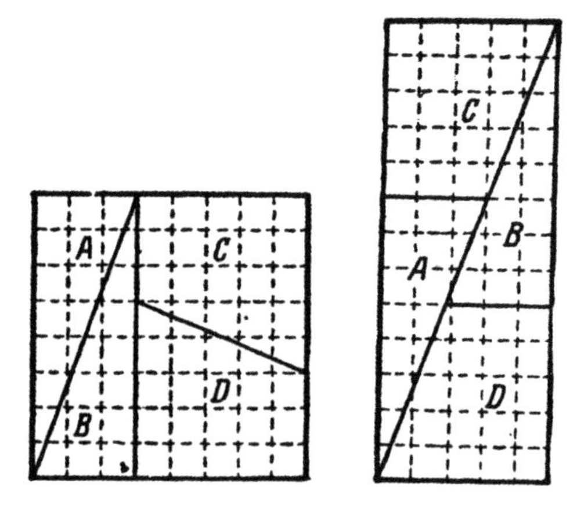

는 원래 169가 되어야 하는데 168이 됐습니다. 21×21 정사각형 ($x=13$, $y=8$)에서는 직사각형의 넓이가 441이 아니라 442가 되었습니다. 뭐가 잘못되었을까요?"

이 패러독스에서 피보나치의 수는 어떤 역할을 담당했을까? 한 번 찾아보라.

피보나치수열의 특성

피보나치 수열에서 처음 20개의 항은 다음과 같다.

1	8	89	987
1	13	144	1,597
2	21	233	2,584
3	34	377	4,181
5	55	610	6,765

(A) 다음 식을 통해 연속적인 항이 만들어진다.

$$S_{n-2}+S_{n-1}=S_n$$

(B) 어떤 수열에서든 우리는 n으로부터 수열의 모든 Sn을 직접적으로 유도할 수 있기를 바란다.

그리고 흔히 공식에는 정수나 분수 정도만 포함될 거라고 예상하지만, 이 경우에는 그렇지 않다. 다음과 같은 무리수가 2개나 필요하다.

$$a_1 = \frac{1+\sqrt{5}}{2} \qquad a_2 = \frac{1-\sqrt{5}}{2}$$

황금분할의 비율인 a_1은 지난번 문제에서도 등장했다. a_2는 a_1의 음의 역수다. 따라서 Sn에 관한 식은 다음과 같다.

$$S_n = \frac{\left(\frac{1+\sqrt{5}}{2}\right)^n - \left(\frac{1-\sqrt{5}}{2}\right)^n}{\sqrt{5}} = \frac{a_1{}^n - a_2{}^n}{\sqrt{5}}$$

n=1일 때,

$$S_1 = \frac{\frac{1+\sqrt{5}}{2} - \frac{1-\sqrt{5}}{2}}{\sqrt{5}} = \frac{\frac{2\sqrt{5}}{2}}{\sqrt{5}} = 1$$

이며, n=2일 때는 다음과 같다.

$$S_2 = \frac{\left(\frac{1+\sqrt{5}}{2}\right)^2 - \left(\frac{1-\sqrt{5}}{2}\right)^2}{\sqrt{5}} = \frac{6+2\sqrt{5}-(6-2\sqrt{5})}{4\sqrt{5}} = 1$$

수식으로 정의된 S에 관하여 우리는 피보나치의 관계식 $S_{n+1} = S_{n-1} + S_n$이 성립함을 증명할 수 있다.

$$S_{n-1} + S_n = \frac{a_1^{n-1} + a_1^{n} - a_2^{n-1} - a_2^{n}}{\sqrt{5}}$$

$$= \frac{\left(\frac{1+\sqrt{5}}{2}\right)^{n+1}\left[\frac{2^2}{(1+\sqrt{5})^2} + \frac{2}{1+\sqrt{5}}\right] - \left(\frac{1-\sqrt{5}}{2}\right)^{n+1}\left[\frac{2^2}{(1-\sqrt{5})^2} + \frac{2}{1-\sqrt{5}}\right]}{\sqrt{5}}$$

하지만 2개의 대괄호 안의 값이 모두 1이기 때문에(이는 독자도 쉽게 확인해볼 수 있다), 식 전체는 결국 S_{n+1}이 된다. 이로써 귀납법에 의한 증명이 완료된다. 이 공식은 참인 2개의 항으로부터 피보나치수열을 생성한다. 처음 두 항이 참이라는 것을 보였기 때문에 다른 모든 항도 참이 된다.

(C) 피보나치수열에서 처음 n개의 수들의 합에 대한 공식은 재미있는 형태를 띠고 있다.

$$S_1 + S_2 + \cdots + S_n = S_{n+2} - 1$$

그러므로 처음 6개 항의 합은 1+1+2+3+5+8=20이고, 여덟 번째(일곱 번째가 아니라) 항은 1만큼 더 큰 21이다.

(D) 피보나치수열에서 처음 n개의 수들의 제곱의 합은 2개의 연속하는 수들의 곱이다.

$$S_1^2 + S_2^2 + \cdots + S_n^2 = S_n \times S_{n+1}$$

예를 들면 다음과 같다.

$$1^2 + 1^2 = 1 \times 2$$
$$1^2 + 1^2 + 2^2 = 2 \times 3$$
$$1^2 + 1^2 + 2^2 + 3^2 = 3 \times 5$$

(E) 각 피보나치 수의 제곱에서 앞뒤 수의 곱을 빼면, 번갈아가며 +1과 −1이 된다.

$$2^2 - 1 \times 3 = +1$$
$$3^2 - 2 \times 5 = -1$$
$$5^2 - 3 \times 8 = +1$$

(F) $S_1 + S_3 + \cdots + S_{2n-1} = S_{2n}$

(G) $S_2 + S_4 + \cdots + S_{2n} = S_{2n+1} - 1$

(H) $S_n^2 + S_{n+1}^2 = S_{2n+1}$

(I) 이 수열에서는 세 번째 수마다 모두 짝수이고, 네 번째 수마

다 모두 3으로 나누어지며, 다섯 번째 수마다 5로 나누어지고, 열다섯 번째 수마다 10으로 나누어진다.

(J) 3개의 서로 다른 피보나치 수로 변을 이루는 삼각형은 불가능하다. 이유를 알겠는가?

(이 문제에 대한 답은 이 책의 '해답'에 실려 있지 않다.)

도형수의 특징

(A) 고대 그리스인들은 연속으로 배열할 수 있고, 기하학적으로 해석 가능한 수들을 대단히 좋아했다. 예를 들어 2개의 연속한 정수들 사이의 차(d, 공차)가 일정한 상수인 수열을 생각해보자.

$$1, 2, 3, 4, 5, \cdots \quad (d = 1)$$

$$1, 3, 5, 7, 9, \cdots \quad (d = 2)$$

$$1, 4, 7, 10, 13, \cdots \quad (d = 3)$$

혹은 일반적으로 다음과 같이 쓸 수 있다.

$$1, 1 + d, 1 + 2d, 1 + 3d, 1 + 4d, \cdots$$

각 열의 각각의 항에는 위치를 나타내는 n이 있다. n번째 항인 a_n을 구하기 위해 다음 식처럼 수열의 첫 번째 항에, 1부터 n까지의 단계 번호인 (n-1)을 공차와 곱한 수를 더한다.

$$a_n = 1 + d(n - 1)$$

이와 같은 모든 수열의 항을 선형 도형수, 또는 1차 도형수라고 부른다.

(B) 선형 도형수 수열의 연속 합을 만들어보자. 첫째 '합'은 그냥 수열의 첫 항이다. 둘째 합은 처음 두 항의 합이고, n번째 합은 처음 n개 항의 합이다.

선형 도형수 1, 2, 3, 4, 5, … 의 첫 번째 수열은 1, 3, 6, 10, 15, …의 합 수열을 만든다. 이를 삼각수라고 한다.

두 번째 열 1, 3, 5, 7, 9, … 는 사각수를 만든다.

1, 4, 9, 16, 25, …

세 번째 열 1, 4, 7, 10, 13, … 은 오각수를 만든다.

1, 5, 12, 22, 35, …

그다음의 수열을 이용하면 육각수, 칠각수, 그 이상의 다각수도 형성할 수 있다. 다각수는 평면 도형수, 또는 2차 도형수라고도 불린다.

(C) 다각수의 이러한 기하학적 명명은 고대 그리스인들이 붙인 기하학 해석을 통해서 설명할 수 있다. 다음 그림(4개의 다각형)

은 왼쪽 아래 구석부터 1, 2, 또는 임의의 개수의 점을 배열해서 다각형 모양을 만드는 방법을 보여준다. 각 단계에서 점의 수를 세보면, 처음 4개의 평면 수열을 얻을 수 있다.

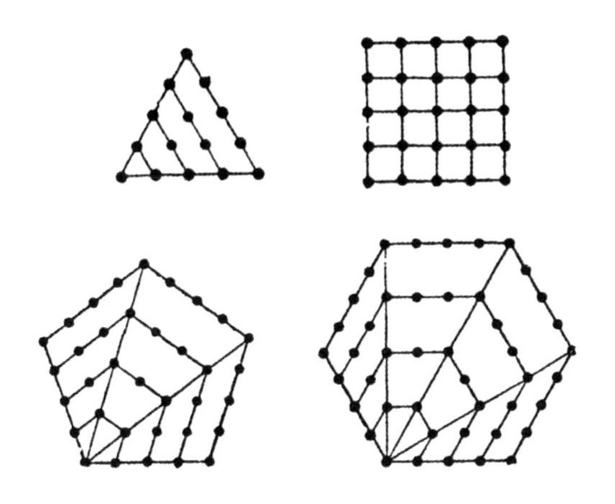

(D) 각 수열에서 n번째 항을 구하는 공식을 포함하여 평면 도형수에 관한 사실을 표로 만들어보자.

d	도형	숫자						공식
		S_1	S_2	S_3	S_4	S_5		
1	삼각형	1	3	6	10	15	...	$\frac{n(n+1)}{2}$
2	사각형	1	4	9	16	25	...	n^2
3	오각형	1	5	12	22	35	...	$\frac{n(3n-1)}{2}$
4	육각형	1	6	15	28	45	...	$n(2n-1)$
.	....	.	.	.	.	.	...	....
d		1	$2+d$	$3+3d$	$4+4d$	$5+10d$		$\frac{n[dn-(d-2)]}{2}$

마지막 줄은 평면 수열을 공차 d를 사용하여 일반화한 것이다.

n번째 수의 일반화 공식은 앞의 표 오른쪽 아래에 있다.

(E) 양의 정수의 집합과 평면 도형수 사이에, 그리고 평면 도형수 내부에도 여러 흥미로운 관계들이 있다.

프랑스 툴루즈의 피에르 드 페르마는 법학자이자 시 대표였고, 수학이 취미였다. 평생 동안 그는 수론에서 다수의 중요한 발견을 했다. 예를 들면 다음과 같다.

- 임의의 양의 정수는 삼각수이거나 혹은 삼각수 2개나 3개의 합이다.
- 임의의 양의 정수는 사각수이거나 혹은 사각수 2개, 3개, 또는 4개의 합이다.
- 일반적으로 임의의 양의 정수는 k각수 k개 이하의 합이다.

몇 가지 경우에 관해서는 오일러가 증명했고, 프랑스 수학자 오귀스탱 코시가 1815년에 일반적인 증명법을 찾았다.

(F) 기원전 3세기에 살았던 고대 그리스의 수학자 디오판토스는 삼각수 T와 사각수 K 사이의 간단한 관계를 찾아냈다.

$$8T + 1 = K$$

삼각수 21을 넣으면 이 공식을 쉽게 이해할 수 있다.

다음 그림은 사각형으로 배열된 점 169개의 모양을 보여준다. $13 \times 13 = 169$를 우리의 사각수 K라고 하자. 점 하나는 정사각형의 중심에 있고, 나머지 168개는 톱니 모양의 빗변을 가진 8개의 직각삼각형 형태로 8개의 삼각수 T로 나누어진다.

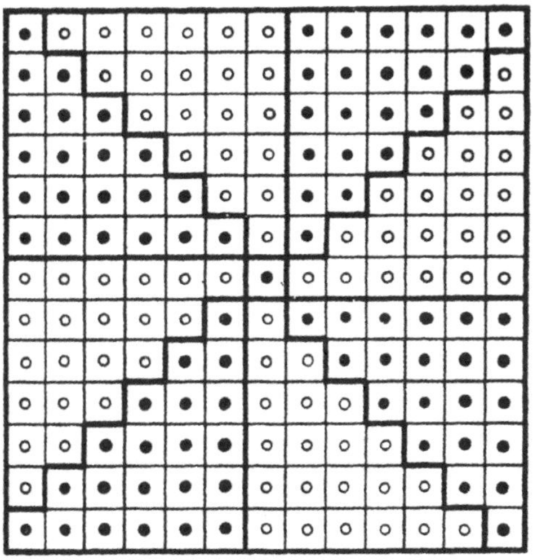

$8T + 1 = K$

(G) 독자 스스로 디오판토스의 공식이 유효함을 대수적으로 증명해보라. 또한 어떤 삼각수도 2, 4, 7, 9로 끝날 수 없음을 보여라. 그리고 모든 육각수가 삼각수 수열에서 홀수 위치에 있는 삼각수라는 사실도 증명하라.

(H) 평면 도형수에 대해 연속 합 $V_1 = S_1$, $V_2 = S_1 + S_2$,

$V_3 = S_1 + S_2 + S_3$ 등을 만들면 공간 도형수, 또는 3차 도형수를 얻게 된다.

예를 들어 삼각수의 수열 (1, 3, 6, 10, 15, …)는 다음의 3차 도형수 수열을 만든다.

1, 4, 10, 20, 35, …

이를 삼각뿔수라고 한다. 이 이름은 수열이 아래 그림처럼 공으로 만든 사면체 모습을 의미하기 때문이다(그림의 삼각뿔은 공 4개와 공 10개로 만들어진 것이다).

(I) 다음은 각 수열의 n번째 항을 찾는 공식을 포함한 3차 도형수에 관한 표다. 이전 표에서처럼 일반 수열과 공식은 마지막 줄에 있다.

	숫자						
d	V_1	V_2	V_3	V_4	V_5		공식
1	1	4	10	20	35	…	$\frac{1}{6}n(n+1)(n+2)$
2	1	5	14	30	55	…	$\frac{1}{6}n(n+1)(2n+1)$
3	1	6	18	40	75	…	$\frac{1}{2}n^2(n+1)$
4	1	7	22	50	95	…	$\frac{1}{6}n(n+1)(4n-1)$
.	.	.	.	.	.	…	…………
d	1	$3+d$	$6+4d$	$10+10d$	$15+20d$		$\frac{1}{6}n(n+1)[dn-(d-3)]$

(이 문제에 대한 답은 이 책의 '해답'에 실려 있지 않다.)

모스크바 퍼즐 해답

8 대수학을 사용할 때

217. 상호협력

문제를 거꾸로 풀면 쉽게 해결할 수 있다.

1번 센터		2번 센터		3번 센터		
24	+	24	+	24	=	72
↓		↓				
12	+	12	+	48	=	72
↓				↓		
6	+	42	+	24	=	72
		↓		↓		
39	+	21	+	12	=	72

마지막 줄이 답이다. 아래에서 위로 읽으며 화살표의 방향을 거꾸로 따라가면 문제의 조건이 모두 충족된다는 사실을 알 수 있다.

218. 몇 배 더 클까

두 배 더 크다. 작은 수에서 절반을 뺀 것을 m이라고 하자. 그러면 원래의 작은 수에서 m을 뺀 값도 m이다. 큰 수에서 m을 뺀 값이 이보다 세 배 크니까 3m이다. 그러면 작은 수는 $m+m=2m$이고 큰 수는 $3m+m=4m$이다.

219. 게으름뱅이와 악마

이 문제도 표로 풀 수 있지만, 그냥 말로도 가능하다. 세 번째로 건너기 전에 게으름뱅이는 12달러를 갖고 있었다. 그가 두 번째로 건넌 후에 악마에게 준 24달러를 더하면 36달러인데, 이는 두 번째로 건너면서 18달러가 두 배로 된 것이다. 여기에 다시 24달러를 더하면 42달러가 되며, 이는 그가 처음 가진 21달러의 두 배였을 것이다.

220. 디젤선과 수상비행기

대수학이나 긴 계산 없이도 배가 20km 더 가는 동안 수상 비행기가 200km 간다는 걸 알아챌 수 있을 것이다.

221. 영리한 소년

거꾸로 생각해보자. 먼저 큰형이 갖고 있는 사과 개수가 8개이니 형제들에게 주기 전에는 큰형은 16개, 둘째와 막내는 각각 4개씩을 갖고 있었을 것이다. 그렇다면 그 이전에 작은형은 8개를 갖고 있었다. 이때 큰형은 $16-\frac{1}{2}$(작은형의 반) $=14$(개)를, 막내는 2개를 갖고 있었다. 마지막으로 막내는 자신의 사과를 나누기 전에 4개를 갖고 있었을 것이다. 작은형은 $8-\frac{1}{2}(2)=7$(개)를, 큰형은 13개를 갖고 있었다.

따라서 현재 막내는 일곱 살, 작은형은 열 살, 큰형은 열여섯 살이다.

222. 사냥꾼들

답을 x라고 하자.

$$x-(4\times3)=\frac{1}{3}x$$
$$\frac{2}{3}x=12$$

따라서 $x=18$이다.

223. 열차의 만남

기관차들이 서로 만날 때, 꼬리칸들은 $2/6=1/3$(km) 떨어져 있고, 이들이 접근하는 상대속도는 시속 120(km)이다. 즉 그들이 서로를 스쳐 지나가는 데에는 $1/360$(시간) $=10$(초)가 걸린다.

224. 베라의 문서 타이핑

엄마가 옳다. 100페이지 논문이라면 20쪽씩 5일이면 끝난다. 그러나 10쪽씩 하면 절반을 치는 데만 5일이 걸린다. 하루 평균 20쪽을 하려면 베라는 나머지 절반을 순식간에 해치웠어야 한다.

225. 언제 시작하고 언제 끝날까

그림에서 시침과 분침은 회의가 시작하는 시각을 보여준다.

분침은 오후 6시 이후로 회의 시작시간까지 y분 움직이고, 시침은 $(x-30)$분 움직인다. 분침이 시침보다 열두 배 빨리 움직이므로 다음과 같다.

$$y = 12(x-30)$$

이제 바늘들의 위치가 서로 바뀌었다고 생각해보자. 시침(그림의 긴 바늘 위치)은 오후 9시 이후로 $(y-45)$분만큼 움직였고, 분침(그림의 짧은 바늘 위치)은 x분만큼 움직였다. 즉

$$x = 12(y-45)$$

다. 첫 번째 방정식에서 두 번째를 빼면 다음과 같다.

$$x = 12[12(x-30)-45] = 144x - 4{,}860$$

$$x = 33\frac{141}{143}(\text{분})$$

$$y = 12(x-30) = 47\frac{119}{143}(\text{분})$$

따라서 회의는 오후 6시 $47\frac{119}{143}$분에 시작해 9시 $33\frac{141}{143}$분에 끝난다.

226. 버섯 사건

마지막에 각 소년들이 가진 버섯의 개수를 x라고 하자. 마루샤는 콜리아에게 $(x-2)$개의 버섯을 주었고, 안드류샤에게 $\frac{1}{2}x$개, 바냐에게 $(x+2)$개, 페티아에게 $2x$개를 주었다. 총합은 $4\frac{1}{2}x = 45$(개)이다. 따라서 $x = 10$이고, 네 소년은 마루샤에게서 각각 8, 5, 12, 20개를 받았다.

227. 더 걸릴까 덜 걸릴까

혹시 "두 사람 모두 같은 시간이 걸렸다"고 대답했는가? 이 문제를 '대수학을 사용할 때와 사용하지 않을 때'의 두 가지 방법으로 접근해보자.

강에서 A는 분명 더 느릴 것이다. 물살이 방해하는 시간보다 도와주는 시간이 적기 때문이다(이는 물살을 따라갈 때는 같은 거리를 더 빨리 가기 때문이다). 예를 들어 물살이 그의 배 젓는 속도의 절반이라면, 상류로 올라가는 절반의 여정에 B의 전체 여정만큼의 시간이 걸린다. 물살이 그의 배 젓는 속도와 같다면, 그는 절대로 상류로 거슬러 올라가지 못한다!

이제 대수학으로 확인해보자. 속도×시간이 거리니까 거리를 속도로 나누면 시간이 된다. B의 거리는 $2x$다. 속도를 r이라고 하면 B가 걸린 시간은 $2x/r$이다.

A는 하류로 가는 거리 x를 속도 $(r+c)$로 간다. c는 물살의 속도다. 상류로 가는 거리 x는 속도 $(r-c)$로 간다. 따라서 A의 총 걸린 시간은 다음과 같다.

$$\frac{x}{r+c} + \frac{x}{r-c} = \frac{2xr}{r^2-c^2}$$

이제 A의 시간을 B의 시간으로 나누자.

$$\frac{2xr}{r^2-c^2} \div \frac{2x}{r} = \frac{r^2}{r^2-c^2}$$

하지만 r^2은 (r^2-c^2)보다 크기에 비율이 1보다 크다. 즉 A는 B보다 시간이 더 많이 걸렸다.

228. 디젤선 두 척

(하류로 흘러가고 있는) 부표의 관점에서 보면, 두 배는 정지된 물 위에서 같은 속도로 부표로부터 멀어진다. 그러다가 정지된 물에서 같은 속도로 돌아온다. 따라서 부표에 두 배는 동시에 도착한다.

229. 수영선수와 모자

문제를 모자의 관점에서 생각해보자. 그러면 다리에서 다리로 흘러가는 게 모자가 아니고 두 번째 다리가 물살의 속도로 움직여 정지된 물 위에 떠 있는 모자를 향해 오는 셈이 된다. 또한 정지된 물에서 수영선수가 10분 동안 모자로부터 멀어졌다가 10분 동안 모자를 향해 헤엄쳐오는 셈이기도 하다. 그가 모자와 만나는 순간, 두 번째 다리도 모자에 '도착'한다. 그러니까 물살의 속도는 $1,000 \div 20 = 50$(m/분)이다. 수영선수의 속도는 중요하지 않다.

230. 당신은 얼마나 예리한가

처음 만났을 때 두 모터보트가 이동한 거리를 합하면 호수의 너비다. 두 번째 만날 때, 그 합한 이동거리는 호수 너비의 세 배다(다음 그림 참조).

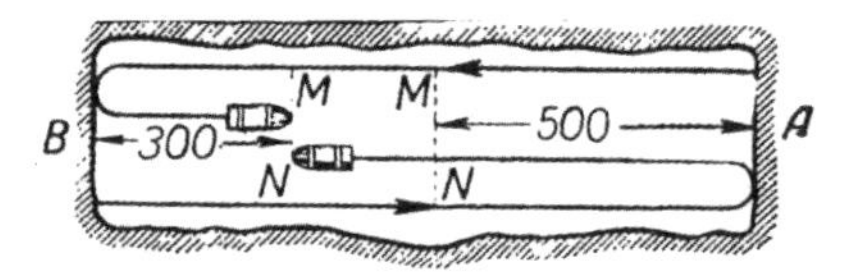

이때 각 보트의 이동 경과시간과 거리는 처음의 세 배로 늘어난다. 따라서 두 번째 만날 때 보트 M은 $500 \times 3 = 1500$m를 이동한 것이다. 이는 호수보다 300m 더 긴 거리이므로, 호수의 길이는 1,200m다.

M과 N의 속도 비율은 그들이 처음 만나기 전에 이동한 거리의 비율과 같다.

$$\frac{500}{1,200 - 500} = \frac{5}{7}$$

231. 젊은 개척자들

총 나무 수 x를 구하고자 하는 답이라고 하자. 키류샤의 약속은 $\frac{1}{2}x$ 그루를 심겠다는 것이고, 비티야의 약속은 $\frac{1}{3}x$ 그루를 심겠다는 것이다. 이전의 단체가 나머지 나무인 $\frac{1}{6}x$를 심은 것이다. 이 값이 40이므로 x는 240그루다.

232. 선반공 비코프의 작업 속도

예전 기술은 새 기술보다 열네 배 느렸으므로, 반대로 새 기술의 속도는 예전 기술의 열네 배가 된다.

$$\frac{v}{v-1{,}690}=14$$

$v=1{,}820$(cm/분)이다.

233. 트랙을 도는 자전거선수

$\frac{1}{3}$시간 동안 그들은 $\frac{1}{3}$km를 여섯 번, 아홉 번, 열두 번, 열다섯 번 달린다. 이 수를 공통으로 나눌 수 있는 가장 큰 수는 3이다. 따라서 이들은 20분 동안 세 번 동시에 원래 위치로 돌아오며, 그 시각은 $6\frac{2}{3}$분, $13\frac{1}{3}$분, 20분이다.

234. 잭 런던의 여행

런던이 최고 속도로 50km만 더 갔다면 24시간 일찍 캠프에 도착했을 것이다. 만약 그가 최고 속도로 100km만 더 갔다면 전혀 늦지 않고 이틀 더 빨리 캠프에 도착했을 것이다.

즉 첫날이 끝날 무렵 캠프까지의 거리는 100km가 남아 있었다. 다섯 마리의 개로 그는 100km가 아니라 $\frac{5}{3}(100)=166\frac{2}{3}$km를 갈 수 있었을 것이다. 여분의 $66\frac{2}{3}$km를 갔다면 문제에서 이야기한 48시간을 아낄 수 있었다.

최고 속도는 하루 $33\frac{1}{3}$km이다. 그는 $33\frac{1}{3}$km(첫날)에 100km(개가 도망간 후)를 더한 거리, 즉 $133\frac{1}{3}$km를 갔다.

235. 새로운 역

y개의 역이 이미 존재하는 x개의 역에 추가되었다면, 각각의 새로운 역마다 $(x+y-1)$개의 티켓 세트가 필요하다. 따라서 y개의 새로운 역에 대해서는 $y(x+y-1)$개의 티켓 세트가 필요하다. 예전의 역 하나당 y개의 세트가 필요하므로, 다음이 성립한다.

$$y(x+y-1)+xy=46 \qquad \therefore\ y(2x+y-1)=46$$

즉 y는 46의 인수로, 양의 정수여야 한다. 다시 말해 1, 2, 23, 46 중 하나다. '새로운 역 몇 개'가 1개일 수는 없고, 23과 46은 예전 역의 개수를 음수로 만들어버린다. 따라서 $y=2$이고 $x=11$이다.

236. 잘못된 유추

(A) 30%(1에서 $\frac{13}{10}$으로)

(B) 30%가 아니라 약 43%(1에서 $\frac{10}{7}$으로)

(C) 10%+8%=18%가 아니다. 원래 판매가의 90%가 서점이 책을 사온 가격(도매가)의 108%라면, 원래 판매가의 100%는 도매가의 108%× $\frac{100}{90}=120$%다. 즉 답은 20%다.

(D) p%가 아니다 원래 1단위시간당 1개의 부품을 만들었지만 이제는 부품 1개를 만드는 데 다음의 시간을 필요로 한다.

$$1-\frac{p}{100}\text{(단위시간)}$$

1단위시간 동안 만드는 것은 $1+\frac{p}{100}$(개)의 부품이 아니라

$$\frac{1}{1-\frac{p}{100}}=\frac{100}{100-p}\text{ 개다.}$$

따라서 증가율은 다음과 같다.

$$100 \times \left(\frac{100}{100-\mathrm{P}} - 1\right)\% = \frac{100\mathrm{P}}{100-\mathrm{P}}\%$$

예를 들어 p가 30%라면 그 증가율은 다음과 같다.

$$\frac{100(30)}{100-30} = \frac{3,000}{70} = \text{약 } 43(\%)$$

237. 두 자녀

(A) 두 아이의 경우, 일반적으로 똑같은 확률의 사건이 네 가지 발생할 수 있다. 아들 – 아들, 아들 – 딸, 딸 – 아들, 딸 – 딸이다. 아들 – 아들은 제외니까 딸 둘일 가능성은 1/3이다.

(B) 네 가지 사건을 첫째 – 둘째 순서로 나열해보자. 딸 – 아들과 딸 – 딸은 제외니까 아들 둘일 가능성은 1/2이다.

238. 누가 말을 탔을까

이 문제도 대수학을 사용해서, 또 사용하지 않고서도 풀 수 있다. 우선 대수학을 사용해 풀어보자. 도시가 마을에서 $x$km 떨어져 있다고 해보자. 중년 남자가 실제로 무언가를 타고 간 거리는 $y$km이고, 남은 거리는 $(x-y)$km다. 만약 그가 $3y$km만큼 무언가를 타고 갔다면 $(x-3y)$km의 거리가 남았을 것이다. 이 값이 남은 거리의 절반, 즉 $\frac{1}{2}(x-y)$와 같다고 한다. 그러면 다음이 성립한다.

$$x-3y = \frac{1}{2}(x-y) \qquad \therefore y = \frac{1}{5}x$$

젊은 남자가 $z$km를 타고 갔으며 $(x-z)$km가 남았다. 만약 그가 $\frac{1}{2}z$km를 갔다면 $(x-\frac{1}{2}z)$km가 남았을 것이다. 이 거리가 남은 거리의 '세 배'인 $3(x-z)$km라고 한다.

$$x-\frac{1}{2}z = 3(x-z) \qquad \therefore z = \frac{4}{5}x$$

즉 동일 시간에 젊은 남자가 중년 남자보다 네 배 더 많이 갔으므로 중년 남자가 말을 탔다.

두 번째 해법: 8학년생 라얄리야 그레치코가 기하학적으로 풀었다.

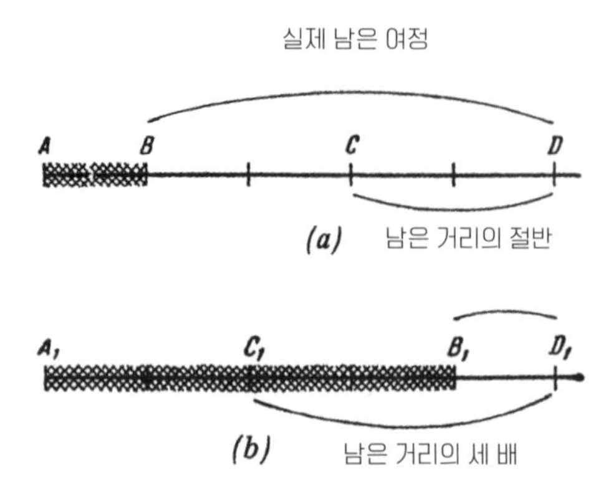

그림 (a)에서 구간 AB가 중년 남자가 실제 간 거리를 나타낸다고 해보자. AB와 똑같은 길이의 구간 2개를 더 만든다. 중년 남자가 실제보다 세 배 더 갔다면 C까지 갔을 것이다. 이제 CD가 실제 남은 여정 BD의 절반이 되도록 점 C를 찍어보자.

도시까지의 거리는 그림처럼 5개의 구간이 된다는 걸 명심하자.

그림 (b)에서도 이와 비슷하게 젊은 남자의 여정을 그릴 수 있다. 구간 A_1B_1은 그가 실제 간 거리를 나타낸다. 이를 C_1으로 두 구간으로 나누어 그가 절반만큼 갔을 경우를 표현한다. C_1D_1이 실제 남은 여정 B_1D_1의 세 배가 되도록 점 D_1을 표시한다.

이번에도 전체 거리는 다섯 구간으로 나뉜다. $AD = A_1D_1$이므로 젊은 남자는 빗금 친 부분이 보여주는 것처럼 중년 남자보다 네 배 더 많이 이동했다. 따라서 중년 남자가 말을 타고 간 것이다.

239. 법적 분쟁

'올바른' 답은 없다. 하지만 로마의 법학자 살비안 줄리안은 이렇게 제의했다. 아버지의 의도는 딸이 어머니의 절반을 받아야 한다는 것이고, 아들은 어머니의 두 배를 받아야 한다는 것이다. 따라서 유산을 7등분 한 후 2를 어머니에게, 4를 아들에게, 1을 딸에게 준다.

이에 대한 반대의 관점은 다음과 같다. 아버지는 어머니가 최소한 장원의 1/3을 물려받기를 바랐지만, 앞의 해법대로라면 어머니에게 겨우 2/7만을 주고 있다. 그녀에게 1/3을 주고 나머지를 아들과 딸 사이에 의도된 비율임이 분명한 4대 1로 나누면 되지 않을까? 장원을 15등분 해 어머니에게 5, 아들에게 8, 딸에게 2를 준다.

카자흐의 아짐바이 아사로프는 또 다른 의견을 제시했다.

쌍둥이 중 한쪽이 먼저 태어날 것이다. 만약 아들이면 그가 장원의 2/3를 갖고, 그 나머지에서 딸에게 1/9, 어머니에게 (딸의 두 배인) 2/9를 준다. 하지만 딸이 먼저일 경우에는 장원의 1/3을 갖고, 나머지에서 아들이 4/9, 어머니가 (그 절반인) 2/9를 갖는다.

240. 오토바이를 탄 두 사람

A 오토바이 운전자는 x시간 동안 달리고 $\frac{1}{3}y$시간만큼 쉬었고, B 운전자는 y시간만큼 달리고 $\frac{1}{2}x$시간만큼 쉬었다고 해보자.

$$x + \frac{1}{3}y = y + \frac{1}{2}x$$
$$x = \frac{4}{3}y$$

A가 같은 거리를 가는 데 더 오랜 시간이 걸렸으므로, B가 빠르다.

241. 어느 비행기를 몰았을까

대수학은 이런 간단한 문제에서는 오히려 귀찮다. 그냥 표를 만들자.

비행기	오른쪽	왼쪽	계산 결과
1	8	0	0
2	7	1	7
3	6	2	12
4	5	3	15
5	4	4	16
6	3	5	15
7	2	6	12
8	1	7	7
9	0	8	0

따라서 그의 아버지는 세 번째 비행기를 몰았다(12는 15보다 3만큼 작다).

242. 암산으로 푸는 방정식

두 방정식을 더하면 수가 10,000 / 10,000 / 50,000이 되고, 빼면 3,502 / −3,502 / 3,502가 된다. 이를 10,000과 3,502로 각각 나누면 다음을 얻는다.

$$x+y=5$$
$$x-y=1$$

누구든 이런 쉬운 방정식은 암산으로 풀 수 있을 것이다.

243. 초 2개

긴 초의 원래 길이를 x라고 하고 짧은 초의 길이를 y라고 하자. 2시간 동안 긴 초, 짧은 초가 각각 $\frac{4}{7}x$ $(\because 2\div3\frac{1}{2}=\frac{4}{7})$, $\frac{2}{5}y$만큼 타서 똑같은 길이인 $\frac{3}{7}x$와 $\frac{3}{5}y$가 남는다. 그러므로 짧은 초는 긴 초 길이의 $\frac{5}{7}$다.

244. 놀라운 현명함

임의의 네 자리 수를 다음과 같이 나타낼 수 있다.

$$1{,}000a+100b+10c+d$$

첫째 자리 숫자를 뒤로 보내면 다음과 같다.

$$1{,}000b+100c+10d+a$$

이 두 수의 합은

$$1{,}001a+1{,}100b+110c+11d$$

이다. 이 값은 분명 11로 나누어떨어지는 수로, 톨리야의 수만 11로 나누어진다(이를 간단히 확인하기 위해서는 314번 문제 참조).

245. 정확한 시간

1시간 후에 벽시계는 58분을 가리키고 있을 것이다. 벽시계로 1시간이 지나는 동안 탁상시계는 62분 지났을 것이다. 벽시계가 58분간 움직였을 때(정확히는 1시간) 탁상시계의 시간은

$$58\times\frac{62}{60}\text{분}$$

만큼 지났을 것이다. 탁상시계가 이 시간만큼 움직였을 때(정확히 1시간) 알람시계의 시간은

$$58\times\frac{62}{60}\times\frac{58}{60}\text{분}$$

만큼 지난다. 그리고 알람시계가 이 시간만큼 움직였을 때(정확히 1시간), 손목시계는 다음을 가리킬 것이다.

$$58\times\frac{62}{60}\times\frac{58}{60}\times\frac{62}{60}=59.86\text{분}$$

손목시계는 실제 시간당 0.14분, 혹은 7시간 동안 0.98분 느려진다. 따라서 오후 7시에 손목시계는 대략 6시 59분을 가리킬 것이다.

246. 두 시계

내 시계가 빨라진 시간과 바샤의 시계가 느려진 시간을 더해서 12시간(43,200초)이 될 때, 두 시계가 다시 같은 시각을 가리킬 것이다. x시간 동안 내 시계는 x초 빨라지고 바샤의 시계는 $\frac{3}{2}x$초 느려진다. 그러면 다음이 성립한다.

$$x+\frac{3}{2}x=43,200$$

$$x=17,280(\text{시간})=720(\text{일})$$

두 시계가 똑같이 정확한 시각을 보이기까지는 더 오래 걸린다. 내 시계가 12시간의 배수만큼 빠르고, 바샤의 시계는 12시간의 배수만큼 느려져야 하기 때문이다. 이런 상황은 내 시계에서는 매 43,200시간(1,800일)마다 발생하고, 바샤의 시계에서는 1,200일마다 발생한다. 1,800과 1,200의 최소공배수는 3,600(약 10년)이다. 이것이 두 번째 문제의 답이다.

247. 시침과 분침

(A) 점심시간 동안에 두 시계바늘이 합해서 360°, 즉 한 바퀴를 움직였다. 시침보다 열두 배 빨리 움직이는 분침은 원의 $\frac{12}{13}$만큼 움직였고, 시침은 $\frac{1}{13}$만큼 움직였다. 공예가는 $\frac{12}{13}$시간, 즉 약 $55\frac{5}{13}$분만큼 자리를 비웠던 셈이다.

정오부터 공예가가 점심을 먹으러 간 시각인 x분 사이에 분침은 12시를 지나 x분만큼 움직였고, 시침은 12시를 지나 $\frac{1}{12}x$분만큼 움직였다. 즉 그가 나갈 때에는 두 바늘이 $\frac{11}{12}x$분의 거리만큼 떨어져 있었다. 하지만 이 거리는 $\frac{1}{13}\times 60$분으로 나타났을 것이다. (시침이 $\frac{12}{13}$시간 동안 $\frac{11}{12}x$분의 거리만큼 움직였기 때문이다.– 편집자) 즉 다음과 같다.

$$\frac{11}{12}x = \frac{1}{13}\times 60$$
$$x = 5\frac{5}{143}(\text{분})$$

따라서 공예가는 12시 $5\frac{5}{143}$분에 점심을 먹으러 나갔고, $55\frac{5}{13}$분 동안 자리를 비웠다가 1시 $\frac{60}{143}$분에 돌아왔다.

(B) 내가 나가고 2시간 후에 분침은 내가 나갈 때의 자리에 있고, 시침은 원 한 바퀴의 $\frac{2}{12}$만큼 움직였을 것이다. 돌아왔을 때 바늘의 위치가 서로 바뀌기 위해서는, 2시간 후의 바늘 위치에서부터 돌아올 때까지 두 바늘이 총 움직인 거리가 원 전체의 $\frac{10}{12}$, 즉 50분만큼 증가해야 한다. 분침은 시침보다 열두 배 빨리 움직이니까 분침이 움직였을 거리는 $\frac{12}{13}\times 50 = 46\frac{2}{13}$(분)이다. 따라서 산책은 2시간하고도 $46\frac{2}{13}$분이 더 걸렸다.

(C) 오후 4시에 시침은 20분 자리에 있다. 분침이 x분 움직이는 동안 시침은 $\frac{1}{12}x$분만큼 움직인다. 그러면 (두 바늘이 겹쳐 있을 때 – 편집자) 다음

이 성립한다.

$$20 + \frac{1}{12}x = x$$
$$x = 21\frac{9}{11}(\text{분})$$

즉 소년은 4시 $21\frac{9}{11}$분부터 문제를 풀기 시작한 것이다.
다시금 오후 4시부터 시작해보자. 분침이 시침보다 30분(원의 절반) 더 지나가 y분에 있을 때 시침은 20에서 $\frac{1}{12}y$분 움직였다. 즉 다음과 같다.

$$20 + \frac{1}{12}y + 30 = y$$
$$y = 54\frac{6}{11}(\text{분})$$

따라서 소년이 문제 풀이를 끝낸 시각은 오후 4시 $54\frac{6}{11}$분이다. 문제를 푸는 데에는 $32\frac{8}{11}$분이 걸렸다.

248. 병사들을 가르치다

먼저 뛰어가든 걸어가든 첫 번째 병사가 빨리 도착한다.
두 사람이 먼저 뛰어간다고 해보자. 둘 다 거리의 절반을 뛰어간다. 이후 두 번째 병사는 걷기 시작한다. 하지만 첫 번째 병사의 경우, 절반의 시간 동안 걷는 거리보다 절반의 시간 동안 뛰는 거리가 더 멀기 때문에 아직 뛸 거리가 남아 있다. 그래서 첫 번째 병사가 앞서게 된다. 그가 걷기 시작할 때 두 번째 병사 역시 걷고 있으므로, 첫 번째 병사는 앞선 거리를 잃지 않고 먼저 도착한다.
두 사람이 먼저 걸어간다고 해보자. 둘 다 절반의 시간 동안 걸어간다. 하지만 이런 식으로 증명을 할 필요는 없다. 이는 첫 번째 방식을 그저 거꾸로 돌려놓은 것과 똑같기 때문이다. 다시금 첫 번째 병사가 먼저 도착한다.

249. 따로 가는 여행

우리는 언제, 얼마나 자주 자전거의 주인이 바뀌는지 모른다. 이런 유동적인 조건의 문제에서는 종종 그래프가 도움이 된다. 세로축은 거리이고 가로축은 시간이다.

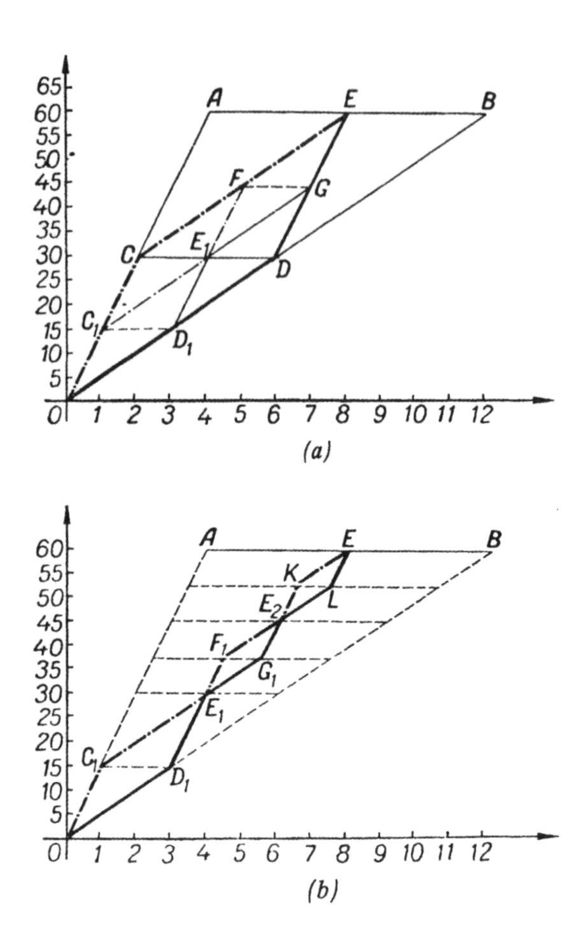

소년 1명이 자전거를 타고 끝까지 가는 경우(시속 15km)가 OA다. A의 거리는 60km, 걸린 시간은 4시간이다. 한 소년이 걸어서 끝까지 가는 경우(시속 5km)가 OB로, B는 60km, 12시간을 나타낸다. 각 소년들의 실제 경로는 OA와 OB 사이에 존재하며, 그 두 경로는 AB상에서 만난다(두 사람이 동시에 여행을 마치기 때문이다).

자전거의 주인이 한 번만 바뀐다고 해보자. 그들의 경로는 평행사변형을 이룬다(그림 (a) 참조). (동시에 여정을 끝내기 위해서는 당연히 중간 지점인

30km에서 자전거의 주인을 바꾸어야 한다.) 한 소년이 C까지 자전거로 간 다음 E까지 걸어간다. 그의 경로 OCE가 꺾어지는 모습을 주의 깊게 보자. 그가 걸어가는 거리 CE는 두 번째 소년이 O에서 D까지 걸어가는 경로와 평행하다. 두 번째 소년은 4시간 전에 첫 번째 소년이 남겨두고 간 자전거를 타고 D에서 E까지 OA와 평행하게 간다.

그래프상에서 D는 C와 같은 높이다. 자전거를 놔둔 자리에서 다시 타기 때문이다. CDEA는 평행사변형이고 AE = CD = 4(시간)다. 그러면 E는 8시간으로, 이는 자전거가 망가지고 남은 자전거를 한 번만 서로 바꿔 탔을 때 그들의 여행에 걸린 시간이다.

세 번 바꿔 타면(그림 (a) 참조) 두 번째 교체지점은 CD의 중간 지점인 E_1이 된다. OD_1를 걷고 D_1E_1을 자전거를 탄 두 번째 소년은 OC_1을 자전거로 가고 C_1E_1을 걸어온 첫 번째 소년을 E_1에서 따라잡는다. 그들의 총 경로는 각각 OC_1E_1FE(첫 번째 소년)와 OD_1E_1GE(두 번째 소년)다. 마지막으로 바꿔 타는 곳은 목적지에서 15km 전(FG)이다.

다섯 번 바꿔 타는 경우는 그림 (b)를 참조한다. E_1에서 만난 후 그들의 경로는 $E_1F_1E_2KE$와 $E_1G_1E_2LE$가 되고, 마지막으로 바꿔 타는 곳은 목적지에서 $7\frac{1}{2}$km 전(KL)이다.

몇 번을 바꿔 타든 그들은 항상 E에서 끝난다(자전거로 간 총 거리와 시간은 항상 똑같다). 그러므로 답은 마지막으로 자전거를 어디에 남겨두었든 간에 그들이 언제나 목적지에 동시에 도착한다는 것이다.

250. 네 단어 고르기

네 단어는 school, oak, overcoat, mathematical이다.

주어진 두 방정식의 좌변과 우변을 각각 곱하면 $a^3d = b^3dc$, 즉 $a^3 = b^3c$가 된다.

따라서 c는 a^3b^3이기에 정수의 세제곱 수여야 한다. 2부터 15 중에서 세제곱 수는 8뿐이기 때문에 c = 8이다. $a^3 = 8b^3$이므로 a = 2b가 된다.

이를 첫 번째 방정식에 대입하면 $4b^2 = bd$, 즉 4b = d이다. 따라서 주어진 숫자 중에서 b는 2나 3이 되어야 하며, 그에 따라 d는 8이나 12가 되어야 한다. c가 8이므로 d는 12이고 b는 3이다. 그러면 a = 2b = 6이다.

251. 불량 저울

접시가 균형을 이룰 때 저울의 팔 길이가 같든 다르든 다음 방정식을 쓸 수 있다.

$$a(p+m)=b(q+m)$$

이때 a와 b는 저울의 팔 길이고, p와 q는 접시 위 물체의 무게, m은 각 접시의 무게다(그림 참조).

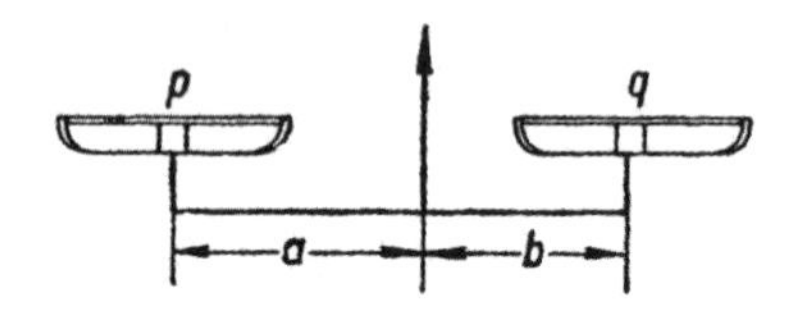

문제에서 설명했듯이 설탕 xg과 설탕 yg이 추 1g과 평형을 이룬다고 해 보자. 그러면

$$a(1+m)=b(x+m) \qquad a(y+m)=b(1+m)$$

이다. 그러므로 다음을 구할 수 있다.

$$x=\frac{a+am-bm}{b} \qquad y=\frac{b+bm-am}{a}$$

두 설탕을 더하면 다음과 같다.

$$x+y=\frac{a}{b}+\frac{b}{a}+m\left(\frac{a}{b}+\frac{b}{a}\right)-2m$$

이제 양수 $\frac{a}{b}$(a가 b와 같지 않을 때)와 그 역인 $\frac{b}{a}$의 합이 2보다 크다는 것을 보이려 한다. $(a-b)^2$이 양수이므로,

$$a^2 - 2ab + b^2 > 0$$
$$a^2 + b^2 > 2ab$$

다. 이 부등식의 양변을 ab(양수)로 나누면 다음을 구할 수 있다.

$$\frac{a}{b} + \frac{b}{a} > 2$$

양변에 m(양수)을 곱하고 우변을 정리하면 다음을 얻을 수 있다.

$$m\left(\frac{a}{b} + \frac{b}{a}\right) > 2m$$
$$m\left(\frac{a}{b} + \frac{b}{a}\right) - 2m > 0$$

또한

$$\frac{a}{b} + \frac{b}{a} > 2$$

이므로, 설탕의 총 무게에 대한 식에서 $(x + y)$가 2보다 크다는 것을 쉽게 확인할 수 있다.

불량 저울로 올바른 무게를 재기 위해서는 설탕과 추를 저울의 같은 쪽에 올려놓아야 한다! 좀 더 정확하게 말하자면, 1g 추를 왼쪽 접시에 놓고, 오른쪽 접시에 납총알을 올려서 균형을 맞출 수도 있다. 그런 다음 1g 추를 치우고 설탕을 올려서 납총알과 균형을 맞춘다. 이렇게 두 번 하면 설탕 2g을 얻을 수 있다.

252. 코끼리와 모기

$(y - v)^2$의 제곱근을 잘못 찾았다. 문제의 조건에 따르면 이 값은 $(y - v)$가 아니라 $-(y - v)$가 되어야 한다.

$$x - v = -(y - v)$$
$$x + y = 2v$$

$(x-v)$(코끼리에서 코끼리 반 마리와 모기 반 마리 빼기)가 양수라면 $(y-v)$는 음수라는 점을 명심하자. 다음과 같이 수로 써보면 쉽게 틀린 부분을 찾을 수 있다.

$$81=81$$
$$9=-9$$

253. 다섯 자리 수

뒤에 1을 붙이면 그 수는 10A+1이 된다. 한편 앞에 1을 붙이면 그 수는 100,000+A가 된다. 그러면 10A+1=3(100,000+A)이므로 A=42,857이다.

254. 나는 몇 살일까

내 나이가 AB이고 당신의 나이가 CD라면, 그 일부인 KB는 내 나이가 당신의 현재 나이였던 게 얼마나 오래전이었는지를 보여준다. 하지만 당시에 당신의 나이는 지금보다 ND=KB만큼 더 적어서, CN과 같았을 것이다. 이 값이 AB의 절반이다.

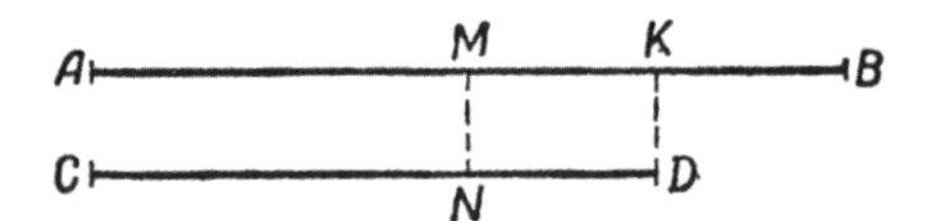

ND=MK=KB이므로, MB=2KB, AB=4KB, CD=3KB이다.

당신이 지금의 내 나이만큼 나이를 먹으면, 당신 나이는 AB와 같은 길이로 나타낼 수 있을 것이며, 이는 KB의 네 배다. 그 무렵 내 나이는 KB만큼 더 먹어서 KB의 다섯 배로 표현할 수 있을 것이다. 4KB+5KB=63이므로 KB는 7이다. 따라서 현재 당신은 스물한 살이고 나는 스물여덟 살이다. 7년 전에 당신은 내 현재 나이의 절반인 열네 살이었을 것이다.

255. 2개의 보고서

x를 열차의 길이라고 하고, y를 속도라고 하자. 열차가 관찰자를 지나간다. 정확히 말하면 열차의 길이만큼의 거리를 t_1초 동안 지나가는 셈이다.

$$y = \frac{x}{t_1}$$

열차가 다리를 지나갈 때, 열차 길이와 a미터의 합을 t_2초 동안 지나가는 것이다.

$$y = \frac{x + \mathrm{a}}{t_2}$$

따라서 다음과 같다.

$$\text{열차 길이}: x = \frac{\mathrm{a}t_1}{t_2 - \mathrm{t}_1}$$

$$\text{속도}: y = \frac{\mathrm{a}}{t_2 - t_1}$$

256. 단분수의 특성

이렇게 엄격한 조건이 딸린 일반화 문제에는 대수학을 적용해보자.
분모와 분자가 모두 양의 정수인 다음과 같은 분수를 가정해본다.

$$\frac{a_1}{b_1}, \frac{a_2}{b_2}, \frac{a_3}{b_3}, \cdots, \frac{a_n}{b_n}$$

이들은 가장 크기가 작은 분수 $\frac{a_1}{b_1}$부터 가장 큰 $\frac{a_n}{b_n}$의 순서로 나열되어 있다. 그러면 우리는 다음을 증명해야 한다.

$$\frac{a_1}{b_1} < \frac{a_1 + a_2 + a_3 + \cdots + a_n}{b_1 + b_2 + b_3 + \cdots + b_n} < \frac{a_n}{b_n}$$

우선 다음이 성립한다.

$$\frac{a_2}{b_2} > \frac{a_1}{b_1} \Leftrightarrow a_2 > b_2 \frac{a_1}{b_1}$$
$$\frac{a_3}{b_3} > \frac{a_1}{b_1} \Leftrightarrow a_3 > b_3 \frac{a_1}{b_1}$$
$$\cdots\cdots$$
$$\frac{a_n}{b_n} > \frac{a_1}{b_1} \Leftrightarrow a_n > b_n \frac{a_1}{b_1}$$

그러므로

$$a_2+a_3+\cdots+a_n>(b_2+b_3+\cdots+b_n)\frac{a_1}{b_1}$$

이다. 좌변에 a_1을 더하고, 우변에 $\frac{b_1a_1}{b_1}$을 더하면 다음과 같다.

$$a_1+a_2+a_3+\cdots+a_n>(b_1+b_2+b_3+\cdots+b_n)\frac{a_1}{b_1}$$

따라서

$$\frac{a_1+a_2+a_3+\cdots+a_n}{b_1+b_2+b_3+\cdots+b_n}>\frac{a_1}{b_1}$$

이다. 이 정리의 두 번째 부분의 증명 역시 비슷한 방법으로 할 수 있다.

257. 루카스 문제

아직 출발하지 않은 배들만 고려해서 일곱 척이라고 대답했다면 당신은 이미 출발해서 항해 중인 배들은 잊은 것이다. 좀 더 명료한 해법은 다음 그림에 나와 있다.

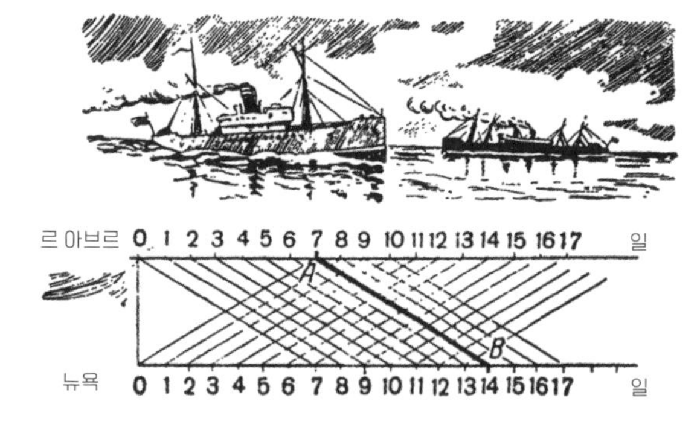

AB는 오늘 르 아브르를 출발하는 배다. 이 배는 바다에서 열세 척, 각 항구에서 한 척씩을 만나 총 열다섯 척의 배를 만난다. 만나는 시각은 매일 정오와 자정이다.

9 계산이 필요 없는 수학

258. 신발과 양말

신발 네 개와 양말 세 개를 꺼내야 한다. 신발 네 개 중에 두 개는 같은 브랜드일 것이다. 또한 양말 세 개 중에서 두 개는 같은 색일 것이다.

259. 사과상자

각각 4개, 7개다.

260. 일기예보

아니다. 72시간 후는 다시 자정이니까.

261. 식목일 나무 심기

열 그루다. 6학년생은 할당량보다 다섯 그루를 더 심었다. 4학년생은 할당량에서 다섯 그루를 덜 심었다.

262. 이름과 나이 짝짓기

① 콜리야는 부로프가 아니다.

② 부로프의 2명의 할아버지 중에서 1명의 성은 부로프이고 다른 1명은 세로프다. 페티야의 할아버지는 모크로소프다. 따라서 페티야는 부로프가 아니다.

③ 부로프는 그리샤다.

④ 페티야는 그리드네프가 아니니까 클리멘코다.

⑤ 소거법에 따라 콜리야는 그리드네프다.

⑥ 페티야가 1학년일 때 일곱 살이었으면, 6학년이니까 열두 살이다.

⑦ 그리드네프와 그리샤는 열세 살이다.

정리: 그리샤 부로프는 열세 살이고, 콜리야 그리드네프도 열세 살, 페티야 클리멘코는 열두 살이다.

263. 사격대회

결과를 표로 만들면, 열여덟 발을 여섯 발씩 똑같은 세트 3개로 나누는 방법이 하나뿐이라는 사실을 알게 될 것이다.

25,	20,	20,	3,	2,	1
25,	20,	10,	10,	5,	1
50,	10,	5,	3,	2,	1

첫 줄은 안드류샤의 것이다. 처음 두 발의 총합이 22가 되는 유일한 행이기 때문이다.

첫 줄과 세 번째 줄에 3점이 있다. 따라서 세 번째 줄이 볼로디야의 것이며, 그가 중앙을 맞혔다.

264. 물건 사기

4센트, 20센트, 공책 8권, 색종이 12장은 전부 다 4로 나눌 수 있는 수이지만, 170센트는 4로 나누어지지 않는다.

265. 논리적인 추측

A: "내 친구들이 흰 종이고 내가 검은 종이라고 해보자. 그러면 B는 'A의 종이가 검은색이고 C는 흰색이야. 내가 검은색이면 C는 검은색 두 장을 보고 즉시 자기가 흰색이라고 외쳤겠지. 하지만 C는 조용해. 그러니까 내가 흰색이라고 외쳐야겠어'라고 생각하겠지. 하지만 B도 조용해. 그러니까 내가 흰색이라고 외쳐야겠어."

B와 C도 같은 방식으로 추측했을 것이다.

하지만 A가 이렇게 추측했을 수도 있다.

"공정한 시합이라면 우리 모두 똑같은 문제를 받았을 거야. 내가 흰색 종이 두 장을 보고 있다면 저 친구들도 그렇겠지."

266. 객차의 승객들

표의 숫자들은 특정 도시와 알파벳을 짝지을 수 없음을 의미한다. 예를 들어 표 A열에서 '1'은 문제에서 1번 문장을 의미하는데, 이는 A가 모스크바에서 온 사람일 리 없다는 뜻이다. '1–2'는 1번과 2번 문장을 뜻하고, 이는 A가 의사이니 선생인 레닌그라드 사람이 될 수 없다는 뜻이다.

	A	B	C	D	E	F
모스크바	1	7	7-8 1-3	–	1-2	*
레닌그라드	1-2	*	2-3	–	2	–
키예프	–	–	*	–	–	–
툴라	1-3	4	3	*	2-3	4
오뎃사	*	–	6	–	–	–
카르코프	5	7-8	8	–	*	–

표에 가능한 모든 숫자를 넣고 나면, C에는 키예프만 남는다는 것을 알 수 있다. 그래서 표에서처럼 C, 키예프 칸에 별표를 넣고 다른 키예프 칸에는 불가능하다는 뜻으로 줄표를 넣었다. A열의 줄표를 보면 A에는 오뎃사만 남을 수 있다. 이런 식으로 조건을 따져가며 모든 빈칸을 별표나 줄표로 채운다.

1–3번 문장은 6개의 알파벳이나 도시를 직업과 연결시킨다. 우리가 방금 별표로 표시한 짝은 다른 6개의 알파벳이나 도시를 직업과 연결시킨다. 그래서 우리는 A: 오뎃사, 의사 / B: 레닌그라드, 선생 / C: 키예프, 기술자 / D: 툴라, 기술자 / E: 카르코프, 선생 / F: 모스크바, 의사로 연결된다는 사실을 알 수 있다.

주어진 명제만으로 충분하지만, 전부가 다 필수적이지는 않다.

표에서 C줄을 살펴보면 그가 모스크바에서 오지 않았음을 보여주는 항목이 2개가 있다.

알파벳과 도시를 짝 짓는 데 꼭 필요한 정보는 15개다. 첫 번째 도시의 짝을 찾는 데에 6개의 알파벳 중 5개가 소거되어야 하고, 두 번째 도시의 짝을 찾을 때는 5개 중 4개가, 세 번째 도시는 4개 중 3개가, 그다음에는 3개 중 2개, 그다음에는 2개 중 1개가 소거되어야 한다.

267. 체스 토너먼트

	보병	비행병	탱크병	포병	기병	전차병	공병	통신병
대령	9-10	1-2	7-12	10	1	1-13	11-12	*
소령	3-4	–	7-8	*	–	–	–	–
대위	5-9	*	5-7	5-10	5-13	5-13	5-11	–
중위	9	–	7-11	9-10	*	–	11	–
상사	3-4	–	7-12	10-12	1-12	*	11-12	–
중사	6-9	–	6-7	6-10	–	–	*	–
하사	3	–	*	–	–	–	–	–
일병	*	–	–	–	–	–	–	–

다시 말하자면, 별표는 모순 없이 잘 들어맞는 짝이라는 뜻이다. 표에는 28개의 정보가 들어 있고, 이걸로 충분하다$(7+6+5+4+3+2+1=28)$.

268. 땔감 자르기

2m 통나무를 잘라 만든 $\frac{1}{2}$m짜리 통나무 조각의 개수는 4의 배수여야 한다. 마찬가지로 $1\frac{1}{2}$m 통나무를 자르면 조각의 개수는 3의 배수, 1m 통나무를 자르면 2의 배수여야 한다. 파추코프의 팀이 자른 통나무 27개는 2나 4로 나누어지지 않기 때문에 페티야와 코스챠 팀이 $1\frac{1}{2}$m 통나무를 맡았을 것이다. 팀 리더는 페티야 갈킨이므로, 파추코프의 이름은 코스챠다.

269. 누가 기술자인가

지휘자와 가장 가까이 사는 승객은 페트로프가 아니다(4–5). 즉 페트로프는 모스크바나 레닌그라드에 살지 않는다. 여기가 지휘자와 가장 가까운 것으로 추정되는 도시이기 때문이다(2). 모스크바에는 이바노프가 살고 있고, 레닌그라드에도 한 승객이 산다고 했으므로(3), 결국 지휘자가 페트로프다. 따라서 레닌그라드에는 시도로프가 산다. 또한 시도로프는 소방관이 아니기 때문에(6), 시도로프가 기술자다.

270. 범인은 누구

테오는 무고하다. 그렇게 두 번 말했기 때문이다. 그러면 (9)는 거짓말이다. (9)가 거짓말이므로 (8)은 사실이다. (8)이 사실이므로 (15)는 거짓말이다. (15)가 거짓말이므로 (14)는 사실이다. 따라서 주디가 도둑이다.

271. 약초 모으기

(A) 합의 첫 자리는 1이다. 한 자리 수 2개를 합해도 20 이상이 되지는 않기 때문이다. 두 번째 자리는 (B)의 제수(나누는 수)이므로 7이다. 따라서 2개의 숫자는 9와 8이다. 합쳐서 17이 되는 한 자리 수가 9와 8뿐이기 때문이다. A단체가 B단체보다 더 많은 약초를 모았다고 했으니 9가 먼저다.

(B) 제수는 (A)에 따라 17이다. 피제수는 (C)와 (D)의 곱의 총합과 같다. 두 자리 수 2개를 합쳐도 200 이상은 나올 수 없으므로 첫 자리 숫자는 1이다. 몫과 첫 자리가 1인 수를 곱하면 첫 자리가 1인 수가 나오므로, 몫의 첫 자리도 1이다.

피제수 아래 첫 줄은 $1 \times 17 = 17$이다. 피제수 두 번째 자리는 8이나 9다. 7이면 피제수 아래 두 번째 줄 첫 자리에 별표가 없을 것이기 때문이다. 9도 아니다. 피제수 아래 두 번째 줄이 2로 시작하면 17로 나눌 때 나머지가 생기기 때문이다. 그러니까 8이어야 한다. 따라서 피제수 아래 두 번째 줄의 수는 17이고, 세 번째 자리 숫자는 7이다.

몫은 $187 \div 17 = 11$이다.

(C) A단체는 $11 \times 9 = 99$(센트)를 받았다.

(D) B단체는 $11 \times 8 = 88$(센트)를 받았다.

272. 가려진 나눗셈

빠른 계산의 비결은 몫이 다섯 자리이지만 세 번의 나눗셈만 나와 있는 부분이다. 두 번째와 마지막 나눗셈에서 내려오는 두 수를 보면, 몫의 두 번째와 네 번째 자리 숫자가 0이라는 것을 알 수 있다. 몫의 첫 번째와 마지막 자리 숫자에 두 자리 수인 제수를 곱하면 세 자리 수가 된다. 8은 두 자리 수를 만든다. 즉 첫 번째와 마지막 자리 숫자는 9다.

그러므로 몫은 90,809가 된다. 제수의 경우 8을 곱해서 두 자리 수가 되고 9를 곱해서 세 자리 수가 되는 유일한 수는 12다. 따라서 피제수는 1,089,709다.

273. 오토바이와 말

오토바이 배달부가 기마 배달부를 만난 곳에서 공항까지 갔다가 다시 되돌아온다고 해보면, 그 시간이 20분 걸렸을 것이다. 그러므로 기마 배달부를 만났을 때에는 (오토바이 배달부의 속도로 봤을 때 – 편집자) 공항에서 10분 거리에 있었을 것이다. 이 10분에 기마 배달부가 그전에 움직인 시간 30분을 더하면, 비행기는 일정보다 40분 먼저 도착한 셈이다.

274. 암호 해독

(A) A와 ABC의 곱을 살펴보면, A가 1, 2, 3 중 하나라는 걸 알 수 있다. 그 이상이면 곱이 네자리 수가 되기 때문이다. 하지만 A는 1이 아니다. 그러면 곱셈 결과가 A가 아니라 C로 끝나야 하기 때문이다. A가 3이면 C는 1이겠지만($1\times3=3$), C가 1이 될 수는 없다. C×ABC가 네 자리이기 때문이다. 따라서 A는 2다. 또한 C는 1이 아니므로 6이다.

이제 B와 ABC의 곱을 보자. B는 4나 8이다. B×6의 마지막 자리가 B이기 때문이다. 하지만 B가 4라면 곱셈 결과는 세 자리 수가 될 것이다($4\times246=984$). 그러므로 B는 8이다. 이제 ABC=286이고, BAC=826임을 알았으므로 간단한 곱셈으로 다른 별표도 찾아낼 수 있을 것이다.

(B) 세 자리 수에 2를 곱해서 네 자리 수가 되었지만, 다른 두 곱셈 결과는 세 자리 수다. 그러므로 둘째 줄의 2개의 별 모두 1이다. 즉 121이다. 1을 곱한 세 번째 곱셈 결과에 8이 있으므로, 첫째 줄과 첫 번째 곱셈 결과의 가운데 숫자도 8이 된다.

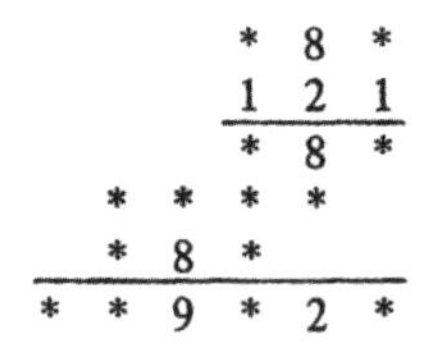

첫 줄의 첫째 자리는 5 이상이다. 그래야 넷째 줄이 네 자리 수가 되기 때문이다. 넷째 줄의 첫 자리는 1이어야 한다. 넷째 줄의 마지막 자리는 4일 것이다. 제일 마지막 줄에서 2가 나올 수 있는 유일한 숫자이기 때문이다.

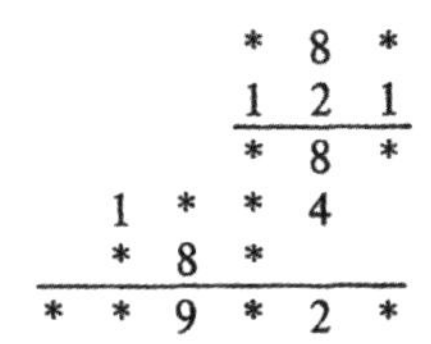

제일 아랫줄의 첫 자리는 1이어야 한다. 다섯 째 줄(과 셋째와 첫째 줄)의 첫 자리는 8이나 9일 것이다. 안 그러면 곱셈 결과가 다섯 자리가 된다. 넷째 줄 마지막 자리가 4이므로 첫째, 셋째, 다섯째 줄의 마지막 자리는 2나 7이다.
넷째 줄 세 번째 자리는 6이나 7이다. 이는 2와 8의 곱의 마지막 자리이고, 1이 커질 가능성이 있기 때문이다. 넷째 줄 두 번째 자리는 첫째 줄 첫 자리가 8인지 9인지에 따라서 7이거나 9일 것이다. 넷째 줄 두 번째 자리가 7이면, 그 열은 (7 + 8)이 되고, 제일 아랫줄의 9를 만들기 위해서는 4가 올라가야 한다. 하지만 셋째 열의 세 숫자 총합으로 4가 올라올 수는 없기 때문에 넷째 줄 두 번째 자리는 9가 된다.
첫째 줄 첫 자리, 또 셋째 줄과 다섯째 줄 첫 자리는 8이 아니므로(6번 설명) 9일 것이다(4번 설명).

```
        9 8 *
        1 2 1
        -----
        9 8 *
    1 9 * 4
    9 8 *
-----------
1 * 9 * 2 *
```

곱셈 결과의 9는 뒤 숫자에서 2가 올라온 것이다. 제일 윗줄 셋째 자리가 2이면, 셋째 열은 9 + 6 + 2 + 1(올라옴)이 되어 18이다. 이러면 1밖에 올라가지 않는다. 윗줄 셋째 자리가 8이면 9 + 7 + 7 + 1 = 24다. 다른 자리 숫자들은 '저절로 채워진다.' 그러므로 다음과 같다.

$$987 \times 121 = 119{,}427$$

(C) 힌트: 세 번째 나눗셈의 수가 겨우 여섯 자리라면, 제수의 첫 자리는 얼마여야 할까? 특히 세 번째와 네 번째 나눗셈과 제수를 비교해보고서

신중하게 수들의 선택지를 줄이면 답을 찾을 수 있다.

$$7,375,428,413 \div 125,473 = 58,781$$

(D)

$$1,337,174 \div 943 = 1,418$$
$$1,202,464 \div 848 = 1,418$$
$$1,343,784 \div 949 = 1,416$$
$$1,200,474 \div 846 = 1,419$$

(E) 힌트: 두 번째 합에서 I는 무엇일까? 세 번째에서 SOL의 S가 2보다 클까? 만약 2라면 R과 L은 무엇이고, 이는 첫 번째 합과 맞아 들어가는 것일까?

DOREMIFASOL은 34569072148이거나 23679048135다.

(F)

$$1,091,889,708 \div 12 = 90,990,809$$

(G) 힌트: M×M의 마지막 자리는 뭘까? 어떤 네 자리 수가 이런 특징을 가질까? 어느 2개를 즉시 소거할 수 있을까? 그다음에는 OM×OM을 생각해보는 식으로 진행하라.
독자 스스로 ATOM = 9,376이 유일한 답이라는 것을 증명할 수 있는가?

275. 소수 퍼즐

힌트: a, b, c가 1행, 2행, 3행의 마지막 자리 숫자라면, b는 2가 될 수 있을까? a는? c는? (a×b)는 어떤 숫자로 끝날까?

```
  775
   33
 ----
 2325
2325
-----
25575
```

276. 걸어서, 차로

차는 역에 아침 8시 30분에 도착할 예정이었다. 차가 기술자와 만났을 때 10분이 절약되었다. 5분은 역에 가는 데 걸렸을 시간이고, 5분은 그들이 만난 자리까지 돌아오는 데 걸렸을 시간이다. 그러므로 기술자는 오전 8시 25분에 차에 탔을 것이다.

277. 3명의 그리스 철학자

B는 자기 얼굴에 낙서가 없다고 확신해. 내 얼굴에 낙서가 없었다면 B는 C가 웃는 걸 보고 놀랐을 거야. C가 보고 웃을 낙서된 얼굴이 없으니까. 하지만 B는 놀라지 않았어. 그러니까 내 얼굴에 낙서가 있는 거야.

278. 모순에 의한 증명

(A) 두 정수 모두 8보다 크지 않다고 해보자. 그러면 둘 다 8이거나, 또는 하나는 8이고 하나는 8보다 작거나, 아니면 둘 다 8보다 작을 것이다. 어떤 경우든 그 곱은 75보다 작기 때문에 불가능하다. 그러므로 최소한 하나의 정수는 8보다 커야 한다.

(B) 곱하는 수의 첫 자리 숫자가 1이 아니라고 해보자. 그러면 2 이상이어야 하고, 이 수는 20 이상이 된다. 하지만 $20 \times 5 = 100$이며, 그보다 더 큰 수에 5를 곱하면 100을 넘어간다. 그러나 곱의 결과는 두 자리 수이므로 곱하는 수의 첫 자리는 1이어야 한다.

279. 가짜 동전 찾기

(A) ① 동전 3개와 동전 3개의 무게를 단다. 접시가 올라가면 그쪽 동전 3개 중 하나가 가짜다. 접시가 평형을 이루면 저울에 올리지 않은 3개의 동전 중 하나가 가짜다.

② 가짜가 포함된 3개의 동전 중에서 하나씩 저울 양쪽에 올린다. 접시가 올라가면 그 동전이 가짜다. 접시가 평형을 이루면 올리지 않은 동전이 가짜다.

(B) 저울에 올리지 않은 동전이 3개 대신 2개 남는다는 것만 유념하면 아무 문제가 없다.

① 동전을 3개씩 올린다. 접시가 올라가면 (A)대로 계속하라. 접시가 평

형을 이루면 저울에 올리지 않은 2개의 동전 중 하나가 가짜다.

② (①에서 접시가 평형을 이루었을 경우): 남은 동전 2개를 각각 저울에 올린다. 접시가 올라가는 쪽이 가짜다.

(C) 동전에 1부터 12까지 번호를 붙이자.

① 1, 2, 3, 4번을 한쪽 접시에 올리고 5, 6, 7, 8번을 다른 접시에 올려 무게를 단다. 평형을 이루지 않으면 이 8개의 동전 중 하나가 가짜다.

② (①에서 저울이 평형을 이루었을 경우): 1, 2, 3번을 한쪽 접시에 9, 10, 11번을 다른 접시에 올린다.

접시가 균형을 이루면 12번이 가짜다. 이를 1과 비교해서 더 무거운지 가벼운지 알아본다. 만약에 첫 번째 접시가 내려가면 9, 10, 11번 중 하나가 더 가벼운 것이다(1, 2, 3번은 ①에서 멀쩡한 동전임이 입증되었기 때문이다). 앞 (A)의 두 번째 무게 달기를 통해 셋 중 어떤 것을 달아봐야 하는지 알 수 있을 것이다. 첫 번째 접시가 올라가는 경우의 방법도 비슷하다. 하지만 ①에서 1, 2, 3, 4번이 있는 접시가 내려갔다면, 그림과 같이 진행해야 한다(이 접시가 올라갔을 경우에도 방법은 비슷하다).

– 동전 – 멀쩡한 동전
– ①에서 무거운 접시 쪽에 있었던 동전
– 가짜일 수 있는 동전 – 서로 무게 달기

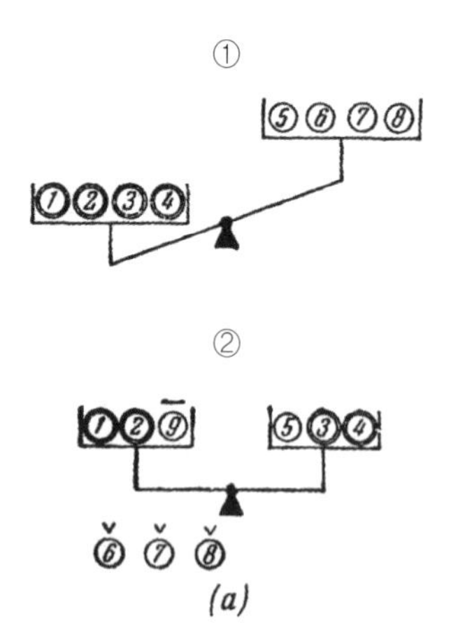

(a)

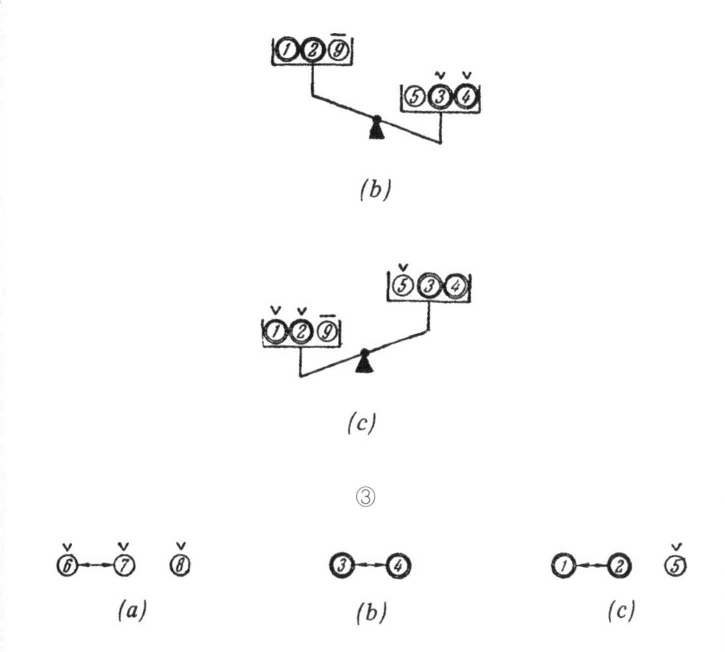

280. 다섯 가지 질문

(A) 1. '두'　2. '예'

(B) 1. 현　2. 삼각형　3. 지름　4. 정삼각형　5. 동심원

(C) 높이, 중선, 수직 이등분선, 꼭지각 이등분선, 대칭축

(D) 기하학적 도형, 평면도형, 다각형, 볼록사각형, 평행사변형, 마름모, 정사각형

(E) 볼록다각형은 둔각인 외각을 3개 넘게 가질 수 없다(둔각인 외각이 4개이면 외각의 합이 360°를 넘기 때문이다.– 편집자). 그러므로 어떤 볼록다각형도 예각인 내각을 3개 넘게 가질 수 없다.

281. 방정식 없이 추론하기

(A) 10부터 22 사이에서 9의 배수는 18뿐이다. 확인해보자.

$$18 \times 4\frac{1}{2} = 81$$

(B) 답은 다음과 같다.

$$6 \times 7 \times 8 \times 9 = 3{,}024$$

282. 아이의 나이

아이의 나이에 3 많은 제곱수는 4, 9, 16일 수 있다. 이중 9만이 3을 빼고 다시 3을 뺐을 때 제곱근이 될 수 있다. 따라서 아이의 나이는 여섯 살이다.

차가 3이 아닌 경우는 다음과 같다.

$2 + 1 = 3$(세) $3 + 1 = 2 \times 2$

$4 + 6 = 10$(세) $10 + 6 = 4 \times 4$

$5 + 10 = 15$(세) $15 + 10 = 5 \times 5$

283. 네 또는 아니오

문제를 푸는 비결은 2의 10제곱이 1,024(즉 1,000을 넘는다)라는 것이다. 각 질문마다 남은 수의 절반을 소거하면 열 번의 질문을 통해 '생각한' 수만 남게 된다. 수가 860이라고 해보자. 10개의 질문은 다음과 같다.

1. "숫자가 500보다 커?" "응." 250을 더한다.
2. "750보다 커?" "응." 125를 더한다.
3. "875보다 커?" "아니." ($62\frac{1}{2}$이 아니라 가까운 짝수로) 62를 뺀다.
4. "813보다 커?" "응." 31을 더한다.
5. "844보다 커?" "응." ($15\frac{1}{2}$ 대신에) 16을 더한다.
6. "860보다 커?" "아니." 8을 뺀다.
7. "852보다 커?" "응." 4를 더한다.
8. "856보다 커?" "응." 2를 더한다.
9. "858보다 커?" "응." 1을 더한다.
10. "859보다 커?" "응."

숫자는 860이다.

10 수학 게임과 트릭

284. 성냥 11개

(A) 그렇다. 끝에서부터 살펴보자. 이기기 위해서는 마지막 내 차례에서 성냥을 1개 남겨야 한다. 그 앞의 내 차례에서는 상대방에게 5개를 남겨야 한다. 그래야 상대가 1개나 2개, 3개를 집으면, 내가 각각 3개나 2개, 1개를 집을 수 있다. 그러면 상대에게 1을 남길 수 있다. 5개 앞에서는 상대에게 9개를 남겨야 한다. 9개 중 상대가 1개를 집든 2개를 집든 3개를 집든, 당신은 그에게 5개를 남겨야 한다. 그런 식으로 반복한다.
따라서 제일 처음에는 성냥 2개를 집어서 9개를 남겨야 한다.
(B) 그렇다. 1, 5, 9, 13, 17, 21, 25, 29로 4개씩 잘라서 생각해본다. 제일 처음에는 1개를 집어 상대에게 29개를 남긴다. 그다음 차례에 상대에게 25개, 또 그다음 차례에 21개, 이런 식으로 남긴다.
(C) 아니다. 상대 참가자에게 남겨야 할 성냥의 수로 시작해도, 실수를 저지르지 않는 한 상대방도 당신만큼 이길 가능성이 있다.
당신은 상대에게 1, $p+2$, $2p+3$, $3p+4$개 등으로 성냥을 남겨야 한다. 연속된 수들을 거꾸로 따져서 n보다 작지만 가장 큰 값을 N이라고 해보자. N이 n이 아니면 처음에 $(n-N)$을 집어서 이길 수 있다. 하지만 N이 n이면 두 번째 참가자가 이길 수도 있다.

285. 마지막 집는 자가 승자

다시금 거꾸로 따져보면, 상대에게 성냥 7개를 남기면 당신이 이긴다. 그가 1, 2, 3, 4, 5, 6개의 성냥을 집어 들면, 당신이 나머지 전부를 집으면 된다. 그전에는 상대에게 성냥 14개를 남겨야 한다. 그전에는 21개, 그전에는 28개다. 따라서 처음에 성냥 2개를 집어야 한다.

286. 짝수가 이긴다

이번 전략은 이전보다 좀 더 복잡하다. 우선 성냥 2개를 집은 다음 이렇게 하자.
상대가 성냥을 짝수 개 집어가면, 상대에게 6의 배수보다 1 큰 수(19, 13,

7)만큼의 성냥을 남긴다.

상대가 성냥을 홀수 개 집으면, 6의 배수보다 1 작은 수(23, 17, 11, 5)만큼의 성냥을 남긴다.

이게 불가능하다면, 상대에게 6의 배수(24, 18, 12, 6)만큼을 남긴다. 예를 들어 당신이 2개를 집고, 상대가 3개를 집으면 22개가 남는다. 그러면 5개를 집으면 안 되고(17개 남는다) 4개를 집어야 한다(18개 남는다).

이 전략으로 어떻게 이길 수 있는지는 독자 스스로 입증해보라.

287. 와이토프 게임

있다. (3, 5), (4, 7), (6, 10), (8, 13), (9, 15), (11, 18), (12, 20)… 등이다.

[이 숫자쌍들은 피보나치수열, 황금비율과 밀접한 관계가 있다. 첫째 쌍은 1만큼 차이나고, 둘째 쌍은 2만큼, n번째 쌍은 n만큼 차이가 난다. 모든 양의 정수가 숫자쌍들 속에서 딱 한 번씩만 나온다. 자세한 설명은 H. S. M. 콕세터의 〈황금분할, 잎차례, 와이토프 게임The Golden Section, Phyllotaxis, and Wythoff's Game〉, 스크립타 매스매티카, 19(1953): 139 f. 참조 – 마틴 가드너]

290. 누가 먼저 100에 도달할까

100을 외치려면 89를 외쳐야 한다. 89를 외치려면 78을 외쳐야 한다. 그리고 67, 56, 45, 34, 23, 12, 결국 제일 처음에 1을 외쳐야 한다. B가 이 순서를 망가뜨릴 방법은 없다.

291. 정사각형 게임

A는 v처럼 정사각형의 어떤 변이든 선을 표시할 수 있다(그림 (a) 참조).

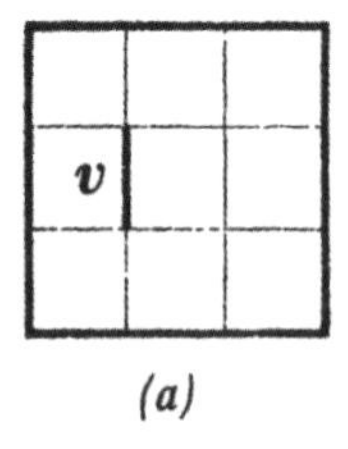

(a)

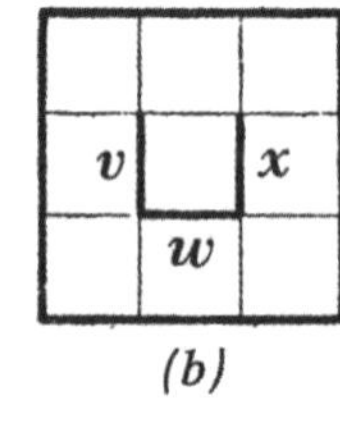

(b)

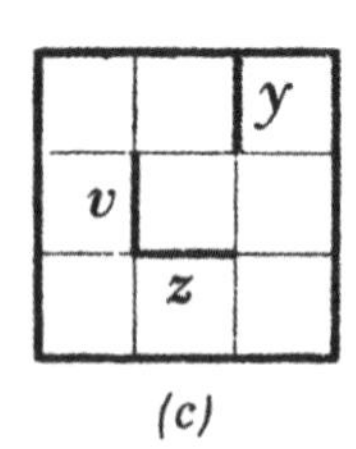

(c)

B가 왼쪽 열의 2개의 변 중에서 아무 데나 선을 그리면, A는 왼쪽 열의 3개의 칸을 차지할 수 있다. 그다음으로 문제의 그림 (c)와 같은 3×2 직사각형 해법을 적용해 9개의 정사각형을 전부 차지할 수 있다.

B가 제대로 게임을 해서 가운데 칸의 w변에 선을 표시하면(그림 (b)), A는 *x*를 표시한다. 그러면 B는 가운데 칸을 차지하지만, A는 나머지 8개 칸을 가질 수 있다.

B가 오른쪽 수직선 *y*에 선을 그리면, A는 *z*에 선을 그어야 한다(그림 (c) 참조). B가 다른 선택을 하면 B는 다시금 8개나 9개의 칸을 잃게 된다.

293. 기하학적 '소멸'

어떤 선도 사라지지 않았다. 13개의 선은 이전보다 12분의 1씩 길어진 12개의 선으로 바뀌었을 뿐이다. 선을 충분히 길게 그리면 자로 그 차이를 측정할 수 있을 것이다.

이 효과는 다음 그림에 더 강화되어 나타나 있다. 왼쪽 그림을 베낀 다음 원을 따라서 잘라보자. 이 원을 약간 반시계방향으로 돌리면 선이 하나 사라진다.

[코르뎀스키는 샘 로이드의 그 유명한 '사라지는 중국인 패러독스'의 수학적 근거를 알려준다. 이 패러독스와 사라지는 그림 관련 유사 패러독스에 관해서는 나의 《수학, 마술과 미스터리Mathematics, Magic and Mystery》(1956)의 7장 참조 – 마틴 가드너]

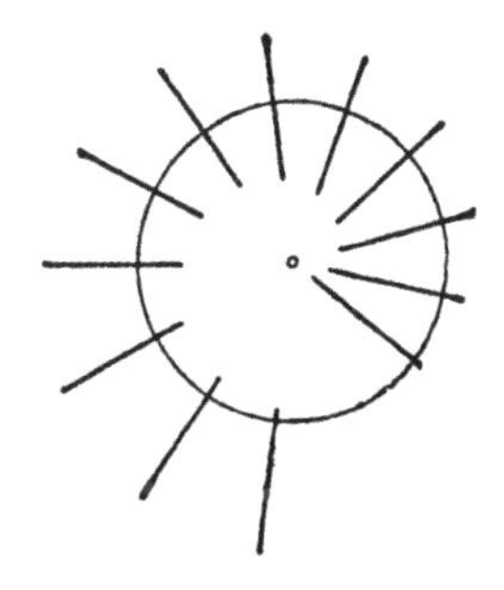

295. 숫자 크로스워드 퍼즐

(A) 문제에서 두 번째 그림을 따라 계속해보면 세로 ⑤는 543이나 567

이다. 543이면 가로 ⑥은 34로 시작하고 두 자리의 끝이 3이 되는 소수와 77을 곱하면 77×43＝3,311이므로 불가능하다. 그러므로 세로 ⑤는 567이고 가로 ⑧은 47, 가로 6은 3,619가 된다.

남은 열쇠 중 가장 까다로운 것은 세로 ⑦이다. 3,087의 소인수는 7(세제곱)과 3(제곱)이다. 77의 소인수는 7과 11이다. 이들을 곱한 수 중 9로 시작되는 두 자리 수는 11×3×3＝99뿐이다. 완전한 답은 아래 그림에 나와 있다.

3	0	8	7
4	5	6	7
3	6	1	9
4	7	3	9

(B) 가로 ①과 가로 ⑧의 차인 세로 ③이 세 자리 수이므로, 가로 ①과 가로 ⑧의 첫째 자리는 1만큼 차이가 날 것이다(절대 같을 수는 없기에). 그리고 세로 ①의 가운데 자리 숫자는 1이다. 이것은 세로 ⑩의 첫째 자리이기도 하다.

세로 ③의 가장 큰 두 자리 인수가 1로 시작하므로(가로 ⑤) 이것이 가장 작은 값이다(세로 ⑪). 세로 ②의 처음 두 자리가 17이므로 세로 ③의 마지막 자리는 7이다. 가로 ⑨의 마지막 두 자리가 11이므로, 가로 ①과 가로 ⑧의 마지막 두 자리를 99에 더한다. 사실 제일 마지막 두 자리에 각각 9를 더해야 한다. 그러면 가로 ①의 네 번째 자리는 2가 되고, 가로 ⑦의 마지막 자리 역시 2가 된다.

세로 ④에서 가로 ⑧의 마지막 자리 y는 가로 ①의 마지막 자리 x에 두 배를 한 것과 같다. 하지만 앞에서 $x+y=9$가 됨을 보였으므로 $x=3$, $y=6$이다.

세로 ③은 가로 ①과 가로 ⑧의 차이다. 두 수의 마지막 자리를 보면 세로 ③이 7로 끝나므로 가로 ①은 가로 ⑧보다 클 것이다. 세로 ③의 가운데 자리 숫자는 4일 것이다. 가로 ①과 가로 ⑧의 빠진 숫자 5개 중 가로

①은 50이 되고 가로 ⑧은 498이 된다(아래 그림 (a) 참조).

[1] 5	0	[2] 1	[3] 2	[4] 3
[5] 1	[6]	[7] 7	4	2
[8] 4	9	8	7	6
[9]			[10] 1	[11] 1
[12]				

(a)

[1] 5	0	[2] 1	[3] 2	[4] 3
[5] 1	[6] 9	[7] 7	4	2
[8] 4	9	8	7	6
[9] 1	1	1	[10] 1	[11] 1
7	4	2	9	3

(b)

가로 ⑨는 11,111이다. 세로 ③의 소인수 19와 13은 가로 ⑤(그리고 세로 ⑩)와 세로 ⑪에 들어간다.

세로 ⑥이 9로 시작하므로 이를 역순으로 쓴 수는 7로 끝나고 1로 시작하는(세로 ⑨와 같이) 두 자리 소수와 세로 ③의 곱이다. 247×17=4,199이므로 세로 ⑥은 9,914이고 세로 ⑨는 17이 된다.

가로 ⑫의 경우에는 세로 ⑥의 두 인수의 곱이 221, 247, 323이다. 여기에 9, 7, 3으로 각각 끝나는 두 자리 소수를 곱하면(가로 ⑫가 9로 끝나므로) 가로 ⑫와 같아진다. 여기에 가까워 보이는 유일한 곱들은 221×29=6,409와 323×23=7,429다. 후자가 가로 ⑫가 된다(완전한 답은 그림 (b) 참조).

(C) 제곱수 표를 보면 유일하게 대칭인 여섯 자리 수가 698,896(가로 ⑩)임을 알 수 있다.

그 제곱근은 836(세로 ⑪)이고, 이를 역순으로 쓴 수는 638(세로 ⑩)이다. 이 수들의 소인수는 다음과 같다.

$$638=29\times11\times2$$
$$836=19\times11\times2\times2$$

[1] 5	[2] 3	2	[3] 9		[4] 1
[5] 1	1		[6] 7	[7] 2	9
	[8] 7	[9] 3		4	
[10] 6	9	8	[11] 8	9	[12] 6
[13] 3	9		[14] 3	6	5
8		[15] 1	6	0	0

최대공약수는 11×2＝22이고 그 절반은 11(가로 ⑤)이다. 따라서 세로 ④는 11이거나 19여야 한다. 이 수를 두 배 한 수가 8로 끝나야 하므로(세로 ⑨) 그 값은 19여야 한다. 따라서 세로 ⑨는 38이다. 그러면 가로 ⑬은 39이고 가로 ⑮는 1,600(40의 제곱)이다.

세로 ①의 경우에 2부터 6까지 숫자들의 최소공배수는 60이고, 여기서 1을 빼면(2부터 6까지의 숫자들보다 나머지가 각각 1씩 적다) 59다. 8을 빼면 51이 된다(세로 ①).

5로 시작하는 유일한 네 자리 제곱수는 5,041과 5,329이다. 전자는 세로 ②가 0으로 시작할 수 없기 때문에 제외한다. 그러면 가로 ①은 5,329이고, 가로 ⑧은 73이다. 세로 ②가 각 자리 숫자의 합이 29이므로 빈칸은 7이 된다. 세로 ③은 9로 시작하는 유일한 두 자리 소수인 97이다. 답을 마무리하기는 어렵지 않을 것이다(그림을 보라).

296. '생각한' 수 추측하기

(C) 네 가지 경우가 있다.

경우 1: '생각한' 수가 4n 형태인 경우면 다음과 같다.

$$4n + 2n = 6n$$

$$6n + 3n = 9n$$

$$9n \div 9 = n$$

나머지는 없다. '생각한' 수는 4n이다.

경우 2: $(4n + 1)$의 형태로 이 수의 큰 부분은 $(2n + 1)$이다.

$$(4n + 1) + (2n + 1) = 6n + 2$$
$$(6n + 2) + (3n + 1) = 9n + 3$$
$$(9n + 3) \div 9 = n \text{(나머지 3)}$$

나머지가 5보다 작다. 따라서 '생각한' 수는 $(4n + 1)$이다.

경우 3: $(4n + 2)$의 형태

$$(4n + 2) + (2n + 1) = 6n + 3$$

큰 부분인 $(3n + 2)$를 더하면 다음과 같다.

$$(6n + 3) + (3n + 2) = 9n + 5$$
$$(9n + 5) \div 9 = n \text{(나머지 5)}$$

따라서 '생각한' 수는 $(4n + 2)$다.

경우 4: $(4n + 3)$의 형태로, 이 수의 큰 부분은 $(2n + 2)$다.

$$(4n + 3) + (2n + 2) = 6n + 5$$

큰 부분인 $(3n + 3)$을 더하면 다음과 같다.

$$(6n + 5) + (3n + 3) = 9n + 8$$
$$(9n + 8) \div 9 = n \text{(나머지 8)}$$

나머지가 5보다 크다. 따라서 '생각한' 수는 $(4n + 3)$이다.

(D) '생각한' 수가 $4n$의 형태이면 큰 부분은 사용되지 않는다. 답은 $4n + 2n + 3n = 9n$이기 때문에 9의 배수가 된다. $9n$의 각 자리 숫자의

합은 9로 나누어지기 때문에 9의 배수로 만들기 위해서 모르는 자리의 숫자와 감추어진 숫자에 추가로 더해야 하는 것은 전혀 없다(즉 0을 더한다).

(4n + 1), (4n + 2), (4n + 3)의 형태를 가진 수의 경우에는 큰 부분이 각각 첫 번째 단계와 두 번째 단계 모두에 사용된다. (C)의 경우처럼 답은 (9n + 3), (9n + 5), (9n + 8)이 된다. 이들의 각 자리 숫자의 합은 각각 6, 4, 1을 더해주면 9의 배수가 된다. 새로운 각 자리 숫자의 합을 바로 위의 9의 배수에서 빼주면, 그 차가 감추어진 자리의 숫자와 같아진다.

(E) '생각한' 수를 x라 하고 더해주는 수를 y라 하자. 그러면 다음과 같다.

$$(x+y)^2 - x^2 = 2xy + y^2 = 2y\left(x + \frac{y}{2}\right) = z$$

$$x = \frac{z}{2y} - \frac{y}{2}$$

(F) '생각한' 수를 x라고 하자. x를 3, 4, 5로 나눈 몫을 각각 a, b, c라고 하고 나머지를 각각 r_3, r_4, r_5 라고 하면 다음이 성립한다.

$$x = 3a + r_3$$

$$x = 4b + r_4$$

$$x = 5c + r_5$$

그러므로 다음도 성립한다.

$$r_3 = x - 3a$$

$$r_4 = x - 4b$$

$$r_5 = x - 5c$$

이를 계산하면 다음과 같다.

$$\begin{aligned} 40r_3 + 45r_4 + 36r_5 &= 40(x - 3a) + 45(x - 4b) + 36(x - 5c) \\ &= 121x - 120a - 180b - 180c \end{aligned}$$

따라서 60으로 나누었을 때 나머지가 x다.

297. 질문하지 않고 알아내기

(A) 그가 '생각한' 수를 n이라고 하고 당신이 부른 3개의 수를 a, b, c라고 하자. 우선 그는 $\frac{na+b}{c}$를 얻게 된다. 여기서 $\frac{na}{c}$를 빼면 결과는 $\frac{b}{c}$다. 계산 결과에 n이 포함되지 않기 때문에 질문이 필요치 않다.

(B) '생각한' 수를 y라고 하고, 당신이 봉투에 넣은 수를 x라고 하자. 우선 관객은 $y+99-x$를 해서 이 수는 100부터 198 사이의 값이 된다. 그다음 첫 번째 자리를 지우고 그 지운 숫자를 더한다는 것은, 즉 99를 뺀다는 뜻이 된다. 관객이 '생각한' 수 y에서 $y-x$를 빼면 결국 당신이 봉투에 넣은 수 x만 남는다.

변형: 관객이 201부터 1,000 사이의 수를 고르게 한다. 봉투에 넣은 수는 100부터 200 사이이다. 계산할 때는 99 대신 999를 사용한다.

298. 누가 얼마를 가져갔을까

	A	B	C
처음	4n	7n	13n
1단계 후	8n	14n	2n
2단계 후	16n	4n	4n
3단계 후	8n	8n	8n

3단계 후에 각자는 A가 처음 가졌던 양의 두 배를 갖게 된다. 나머지는 자명하다.

299. 세 번의 시도

'생각한' 수를 a와 b라고 해보자. 그러면 다음이 성립한다.

$$(a+b)+ab+1=a+1+b(a+1)=(a+1)(b+1)$$

이는 두 수의 차와 곱을 더하거나 빼기를 바탕으로 한 것이다.

300. 연필과 지우개

A는 소수이고 B는 A로 나누어지지 않는 합성수라 하자. 다른 2개의

숫자 y와 x는 1 외에는 공약수가 없고(즉 서로소이고), y는 B의 약수다. $Ay+Bx$는 y로 나누어지기 때문에 y를 가진 소년이 연필을 가진 것이다. 한편 $Ax+By$는 y로 나누어지지 않으므로 y를 가진 소년이 지우개를 가진 것이다.

301. 3개의 연속 수 추측하기

3개의 연속 수와 3의 배수와의 합은 다음과 같이 나타낼 수 있다.

$$a+(a+1)+(a+2)+3k=3(a+k+1)$$

67을 곱하면 그 결과는 다음과 같다.

$$201(a+k+1)$$

우리는 $a<59$이고, $3k<100$, 즉 $k<34$임을 안다. 그러므로 $(a+k+1)$은 두 자리 수보다 크지는 않을 것이며 $201(a+k+1)$의 마지막 두 자리는 $(a+k+1)$일 것이다. 여기서 $(k+1)$을 빼면 처음 '생각한' 수를 찾을 수 있다. 또한 $201(a+k+1)$의 마지막 두 자리의 앞쪽에 있는 두 자리, 혹은 세 자리 숫자는 $2(a+k+1)$이다.

302. 여러 개의 수 추측하기

'생각한' 숫자가 2개일 때 이를 a와 b라고 하자.

그러면 $5(2a+5)+10=10a+35$, $10a+35+b=10a+b+35$가 성립한다.

35를 빼면 '생각한' 숫자로 이루어진 두 자리 수 $(10a+b)$를 얻게 된다.

'생각한' 숫자가 3개 이상일 때에도 증명 방법은 비슷하다.

303. 당신은 몇 살인가

나이를 x라고 할 때 계산 결과는 $10x-9k$이고, k는 한 자리 수다. 차를 다음과 같이 변형해보자.

$$10x - 9k = 10x - 10k + k = 10(x - k) + k$$

여기서 x는 9보다 큰 수이고 k는 9를 넘어갈 수 없다. 따라서 $(x - k)$는 양수다. 그러면 $10(x - k) + k$에서 k가 마지막 자리 숫자다. k를 버리면 $(x - k)$만 남는다. k를 더하면 x가 된다.

304. 나이 추측하기

그의 나이를 x라고 하면

$$(2x + 5) \times 5 = 10x + 25 = 10(x + 2) + 5$$

이다. 따라서 5가 마지막 자리의 숫자다. 이를 버리면 숫자는 $(x + 2)$가 되고, 2를 빼면 x만 남는다.

306. 무덤의 숫자

여러 수의 최소공배수는 이들 각각이 가진 소인수들의 곱으로, 그 수들이 가진 소인수에서 개수가 가장 많은 것을 사용한다. 1부터 10까지 숫자의 최소공배수는 다음의 곱이다.

$$2\times2\times2\times3\times3\times5\times7=2,520$$

1부터 10까지 최소공배수는 6부터 10까지 최소공배수와 같다. 일반적으로 1부터 2n의 최소공배수는 (n + 1)에서 2n까지의 최소공배수와 같다.

307. 네 척의 디젤선

4, 8, 12, 16의 최소공배수는 48이다. 배들은 48주 후, 1953년 12월 4일에 다시 만난다.

308. 새해 선물

오렌지가 1개 더 있으면 그 숫자가 10, 9, 8, … 로 나누어떨어질 것이다. 이미 배운 것처럼 이런 숫자는 2,520의 배수다. 따라서 2,519개의 오렌지나, 2,519 + 2,520n개가 있을 것이다. n은 임의의 양의 정수다.

309. 이런 수가 있을까

수없이 많다. 제수(나누는 수)와 나머지 사이의 차는 항상 2다. 그러면 구하려는 수에 2를 더하면 주어진 제수의 배수가 될 것이다. 3, 4, 5, 6의 최소공배수는 60이고, 60 − 2 = 58이다. 이 값이 수많은 답 중 가장 작은 수다.

310. 세 자리 수

7, 8, 9의 최소공배수는 504다. 그 배수 중에 다른 세 자리 수는 없으므로 이 수가 답이다.

311. 계란 한 바구니

2, 3, 4, 5, 6의 최소공배수는 60이다. 60의 배수보다 1 크면서, 7의 배수인 수를 찾아야 한다. 그러면 다음과 같다.

$$60n + 1 = (7 \times 8n) + 4n + 1$$

(4n + 1)이 7로 나누어지는 조건을 만족시키는 가장 작은 n은 5다. 그러므로 바구니에는 301개의 계란이 들어 있었다.

312. 계산원의 실수

라드와 비누의 가격은 3의 배수다. 설탕과 페이스트리의 수 역시 3의 배수다. 그러므로 센트로 따진 총 금액도 3의 배수여야 하는데, 계산원이 부른 금액은 그렇지 않았다.

313. 수 퍼즐

방정식의 좌변은 9로 나누어지기 때문에 우변도 그래야 한다. 그러면 우변의 숫자 총합도 9로 나누어져야 하므로 a는 8이다. 따라서 t는 4다.

314. 11로 나누기

(A) $7+1+2+1-(3+a+0+0)=0,\ a=8$

(B) 방정식의 좌변이 11로 나누어지기에 b는 다시금 8이다. 612 = 3,721이고, 622 = 3,844다. 대괄호 안의 값이 약 6,150이므로 x는 약 68이다. 이 값과 앞뒤의 값으로 시험해보면, x가 67임을 알 수 있다.

315. 7, 11, 13으로 나누기

예를 들어 31,218,001,416을 살펴보자.

$$31{,}218{,}001{,}416 = 416 + (1 \times 10^3) + (218 \times 10^6) + (31 \times 10^9)$$
$$= 416 + 1\ (10^3 + 1 - 1) + 218(10^6 - 1 + 1) + 31(10^9 + 1 - 1)$$
$$= (416 - 1 + 218 - 31) + [(10^3 + 1) + 218(10^6 - 1) + 31(10^9 + 1)]$$

대괄호 안의 값은 7, 11, 13으로 나누어떨어진다. 그러므로 전체 값이 7, 11, 13으로 나누어지는지는, 짝수 번째 그룹의 합과 홀수 번째 그룹의 합의 차인 (416 − 1 + 218 − 31)이 7, 11, 13으로 나누어지는지에 달렸다(값은 602인데 이는 전체 수와 마찬가지로 7로는 나누어지지만 11과 13으로는 나누어지지 않는다).

316. 8로 나누기 위한 줄이기

$(10x + y + \frac{z}{2})$가 4로 나누어진다면 세 자리 수 $(100x + 10y + z)$가 8로 나누어떨어진다는 것을 증명해야 한다.

$10x + y + \frac{z}{2} = 4k$로 놓고, k가 양의 정수라고 해보자. 그러면 다음이 성립한다.

$$20x + 2y + z = 8k$$

$$z = 8k - 20x - 2y$$

$$100x + 10y + z = 100x + 10y + 8k - 20x - 2y = 80x + 8y + 8k$$

마지막 수식은 확실하게 8로 나누어진다.

독자 스스로 $10x + y = \frac{z}{2} = 4k + 1$이거나 $4k + 2$, $4k + 3$이라면(단 k는 임의의 양의 정수) $(100x + 10y + 2)$가 8로 나누어떨어지지 않는다는 것을 설명해보라.

317. 놀라운 기억력

N이 아홉 자리 수라 하고 다음과 같이 써보자.

$$N = 10^6a + 10^3b + c$$

a, b, c는 각각 세 자리 수다. 우리는 a + b + c가 37로 나누어진다는 것을 안다. a + b + c = 37k라고 하자. 그러면 다음과 같이 나타낼 수 있다.

$$N = 10^6a + 10^3b + 37k - a - b = a(10^6 - 1) + b(10^3 - 1) + 37k$$

3개의 항 모두 37로 나누어지므로 N은 37로 나누어진다.

318. 3, 7, 19로 나누기

테스트할 수에서 마지막 두 자리를 없앤다. 남은 수에 없앤 두 자리 수의 네 배를 더한다. 쉽게 테스트할 수 있을 만큼 작은 수가 나올 때까지 이를 반복한다.

예를 들어 138,264를 생각해보자. 1,382에 64×4를 더하면 1,638이 된다. 다시 한 번 이 과정을 되풀이하면 16+152=168이 된다.

더 할 필요는 없다. 168은 3과 7로 나누어지지만 19로는 나누어지지 않으므로 138,264는 3과 7로 나누어지지만 19로는 나누어지지 않는다.

12 마술적인 숫자 배열, 마방진

324. 육각별

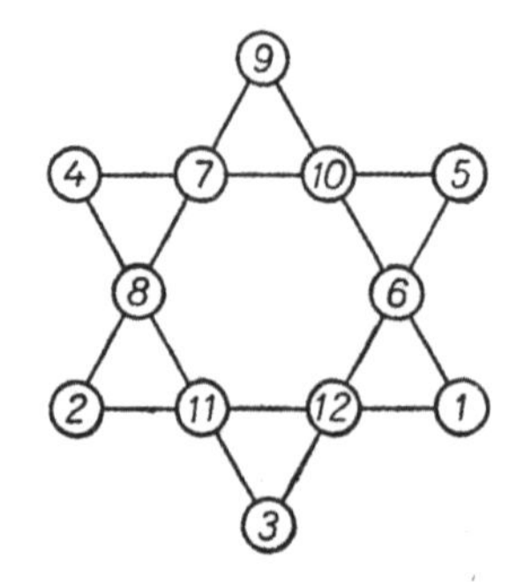

325. 원자 결정

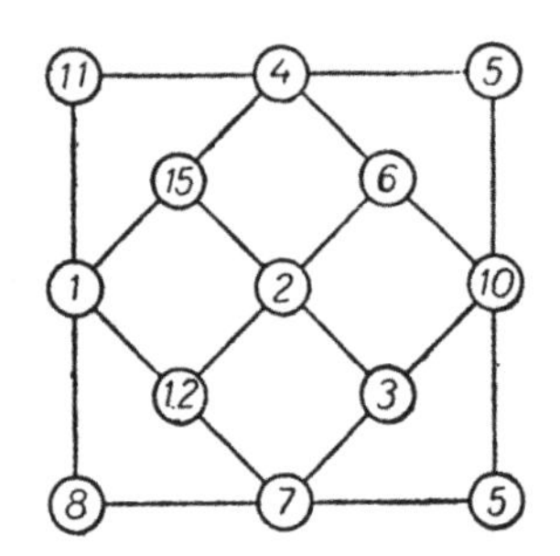

326. 오각별 창문 장식

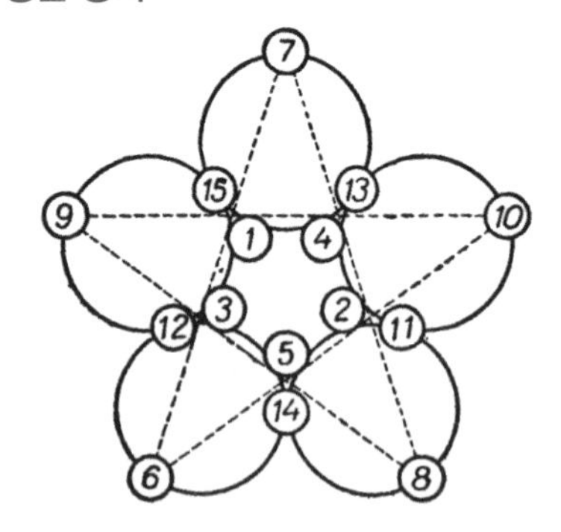

327. 육각형

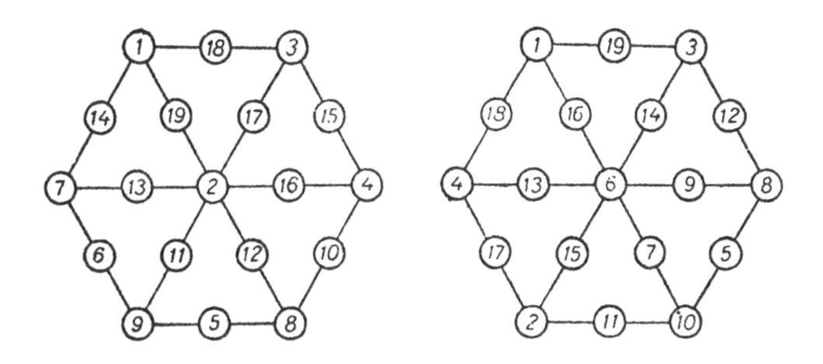

328. 플라네타리움

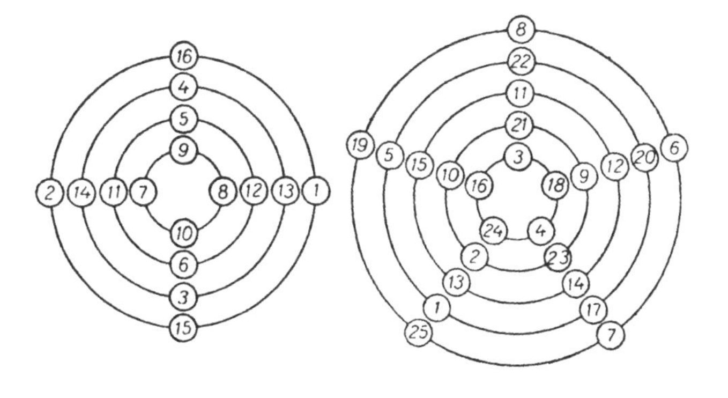

329. 겹치는 삼각형

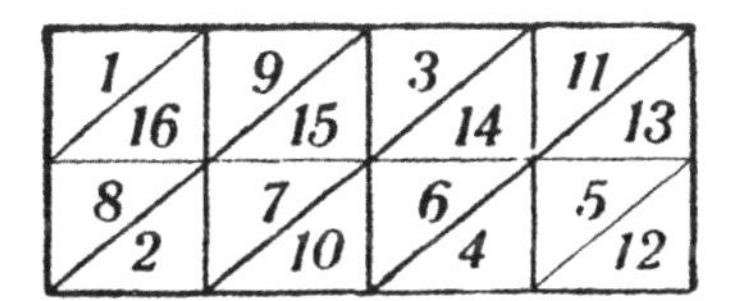

330. 흥미로운 집합체

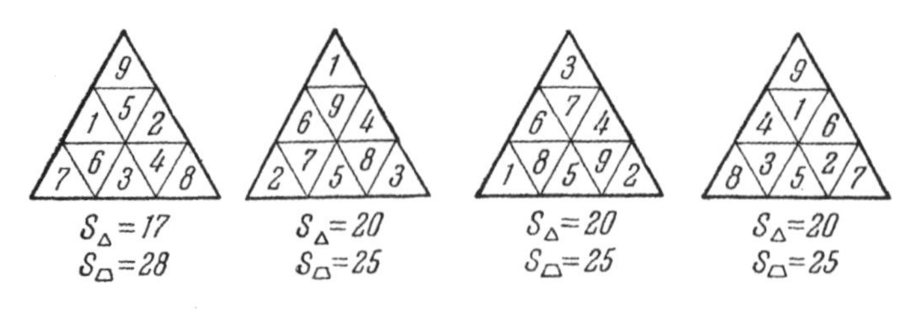

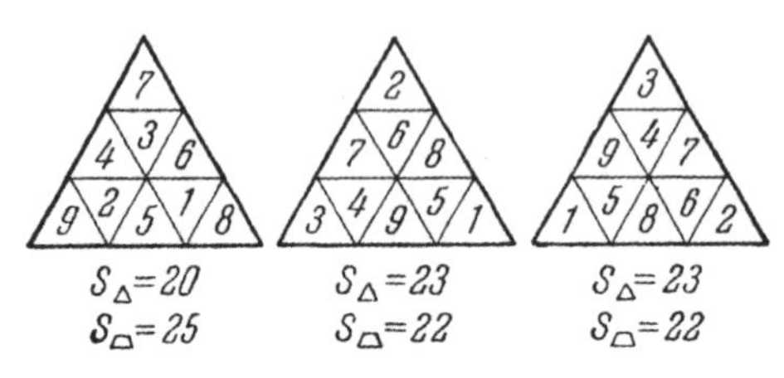

331. 중국, 인도에서 온 여행자

아래 그림 (a)처럼 인도 마방진의 가로열과 세로열에 숫자를 붙인다. 주 대각선을 따라 본문에서 이야기한 숫자들 12, 14, 3, 5와 15, 9, 8, 2에 대해 생각해보자.

이를 위해 가로열 II를 I열로 옮기고 가로열 IV를 II열로, 가로열 I을 III 열로, 가로열 III을 IV열로 옮긴다. 그런 다음 세로열 2와 3을 바꾼다. 그림 (b)의 사각형이 원하는 특성을 가진 답이다.

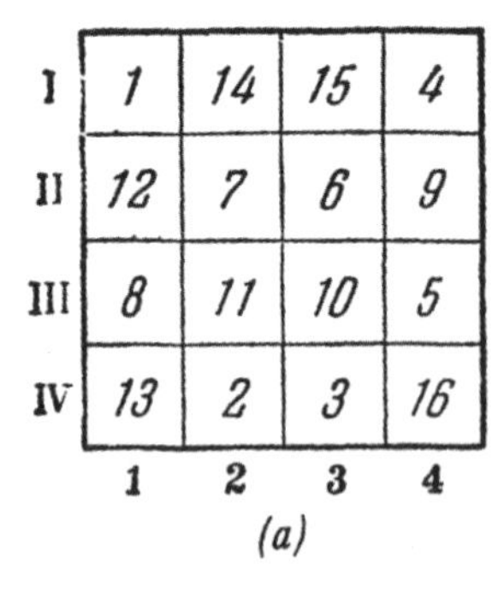

	1	2	3	4
I	1	14	15	4
II	12	7	6	9
III	8	11	10	5
IV	13	2	3	16

(a)

12	6	7	9
13	3	2	16
1	15	14	4
8	10	11	5

(b)

332. 마방진 만들기

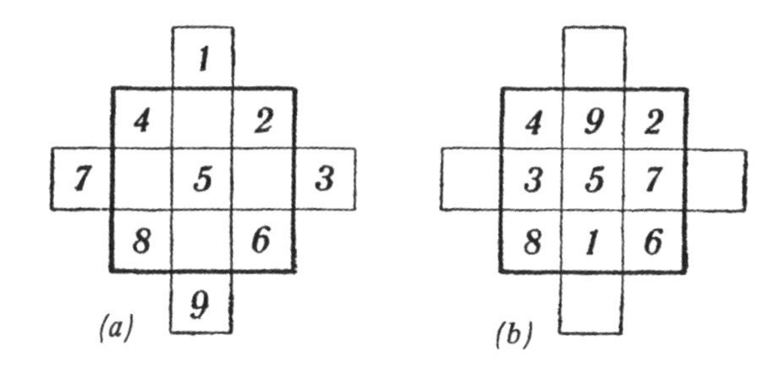

333. 재치 시험하기

7×7 사각형에는 흰색 네 칸이 들어 있는 가로줄과 세로열이 각각 4개씩 있고, 흰색 세 칸이 든 가로줄과 세로열이 3개씩 있다. 이는 16칸 마방진 '안에' 9칸 마방진을 결합시켜서 만든다.

그림 1은 4차 방진이고, 그림 2는 3차 방진이다. 각각의 마법수는 150이다. 마지막 그림은 문제를 풀기 위해 두 마방진을 어떻게 합치는지를 보여준다.

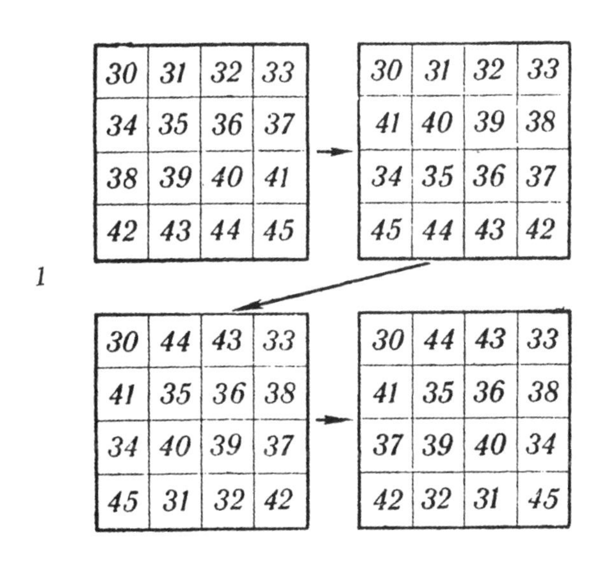

30	31	32	33
34	35	36	37
38	39	40	41
42	43	44	45

30	31	32	33
41	40	39	38
34	35	36	37
45	44	43	42

1

30	44	43	33
41	35	36	38
34	40	39	37
45	31	32	42

30	44	43	33
41	35	36	38
37	39	40	34
42	32	31	45

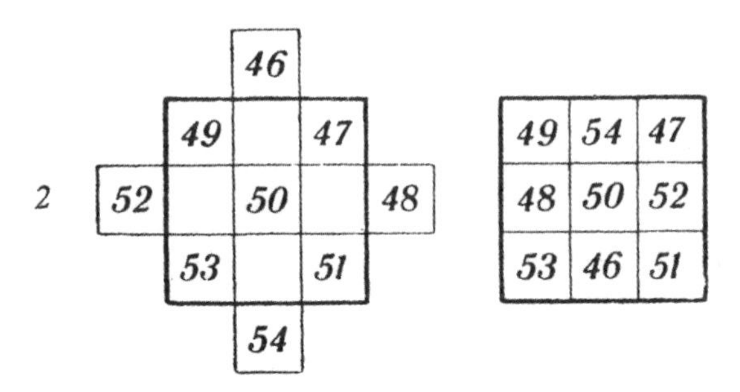

3

30		44		43		33
	49		54		47	
41		35		36		38
	48		50		52	
37		39		40		34
	53		46		51	
42		32		31		45

334. '15' 마술 게임

블록을 다음 순서대로 옮긴다.

12, 8, 4, 3, 2, 6, 10, 9, 13, 15, 14, 12, 8, 4, 7, 10, 9, 14, 12, 8, 4, 7, 10, 9, 6, 2, 3, 10, 9, 6, 5, 1, 2, 3, 6, 5, 3, 2, 1, 13, 14, 3, 2, 1, 13, 14, 3, 12, 15, 3.

정확히 50회 이동이다!

블록을 움직이면서 또 다른 마법수를 만들 수도 있겠지만, 50회보다 더 적은 해법을 나는 알지 못한다.

13	1	6	10
14	2	5	9
	12	11	7
3	15	8	4

335. 특이한 마방진

(A) 아래 그림을 보라. 문제에서 제시한 조건은 같은 숫자 쌍들을, 체스에서 나이트의 움직임에 따라 배치하라는 것과 같다.

1	7	2	8
4	6	3	5
7	1	8	2
6	4	5	3

(B) 332번 문제의 방법으로 마방진을 만든다(그림 (a)). 처음 두 가로줄을 서로 바꾸고, 그다음 처음 두 세로열을 바꿔서 원하는 마방진을 얻는다(그림 (b)).

31	3	5	25
9	21	19	15
17	13	11	23
7	27	29	1

(a)

21	9	19	15
3	31	5	25
13	17	11	23
27	7	29	1

(b)

(C) 사각형을 위아래로 뒤집는다. 그래도 여전히 마방진이고, 마법수도 동일하다.

336. 중심 칸

$$a_1 + a_4 + a_7 = S \qquad a_3 + a_6 + a_9 = S$$
$$a_1 + a_5 + a_9 = S \qquad a_3 + a_5 + a_7 = S$$

$$a_4 + a_7 = S - a_1 \qquad a_6 + a_9 = S - a_3$$
$$a_5 + a_9 = S - a_1 \qquad a_5 + a_7 = S - a_3$$

그러므로 $a_4 + a_7 = a_5 + a_9$이고 $a_6 + a_9 = a_5 + a_7$이다. 이 식을 더하면 다음과 같다.

$$a_4 + a_7 + a_6 + a_9 = 2a_5 + a_9 + a_7 \quad \therefore\ a_4 + a_6 = 2a_5$$

이 식의 양변에 a_5를 더하면 다음과 같다.

$$a_4 + a_5 + a_6 = 3a_5$$

하지만 $a_4 + a_5 + a_6 = S$이므로 $S = 3a_5$다. 즉 $S = 15$이면 $a_5 = 5$다.

13 흥미롭고 진지한 수

340. 열 자리 수

(A) 숫자를 하나 골라보자. 예를 들어 1이라고 하면 이 숫자는 열 자리 수의 열 군데 자리 중 아무 데나 들어갈 수 있다. 10개의 선택지 중에서 하나를 골랐기 때문에, 두 번째 숫자(예컨대 2)는 아홉 군데의 자리 중 하나에 들어갈 수 있다. 3은 여덟 군데 자리 중에, 4는 일곱 군데 자리 중에 집어넣는 식으로 하다 보면, 0은 마지막 남은 한 군데 자리에 들어가야 한다. 따라서 경우의 수는 $10\times9\times8\times7\times6\times5\times4\times3\times2\times1=3{,}628{,}800$(가지)이다. 하지만 잠깐 기다려보라. 수는 0으로 시작할 수 없고, 이들 중 10분의 1은 0으로 시작한다. 그러므로 362,880을 빼면, 정확한 답인 3,265,920개가 나온다.

(B) $4{,}938{,}271{,}605\div9=548{,}696{,}845$

(C) a나 b와 첫 번째 그룹의 숫자(2, 4, 5, 7, 8)와의 곱셈 결과에는 반복되는 숫자가 없다. 반면 a나 b와 두 번째 그룹의 숫자(3, 6, 9)와의 곱셈 결과에는 반복되는 숫자가 있다. 첫 번째 그룹의 숫자들에는 a와 b와 공통된 인수(1은 제외)가 없지만, 두 번째 그룹의 숫자들에는 있다.

(D) $12{,}345{,}679\times9=111{,}111{,}111$이기 때문이다.

341. 더 많은 특이한 수

(A) $2{,}025=45^2$이다. 32부터 99까지 제곱수 표를 살펴보고 필요한 계산을 해보자. 이런 직접적인 해결 방법을 폄하해서는 안 된다.

342. 계산 반복하기

(A) (a, b, c, d)의 위치를 바꾼 형태인 (d, a, b, c), (c, d, a, b), (b, c, d, a)를 고려해보자. 그러면 4개의 숫자를 짝수와 홀수로 배열하는 방법에는 여섯 가지가 있다.

(e, e, e, e), (e, e, o, o), (e, o, o, o)
(e, e, e, o), (e, o, e, o), (o, o, o, o)

2개의 짝수나 2개의 홀수의 차는 짝수다. 짝수와 홀수의 차는 홀수다.
위의 6개의 쌍의 네 번째 차는 어떻게 될까?
(e, e, e, e)의 경우 모든 차는 (e, e, e, e)이다.
(e, e, e, o)의 경우에는 다음과 같다.

$$A_1 = (e,\ e,\ o,\ o),\quad A_2 = (e,\ o,\ e,\ o)$$
$$A_3 = (o,\ o,\ o,\ o),\quad A_4 = (e,\ e,\ e,\ e)$$

여섯 가지 쌍에서 세 번째, 네 번째, 여섯 번째 쌍이 A_1, A_2, A_3와 동일하기 때문에 결국 이들은 네 번째 차에서 (e, e, e, e)에 도달한 후 영원히 이 값을 반복한다. 독자 스스로 (e, o, o, o)도 네 번째 차가 (e, e, e, e)가 됨을 확인해보자.
따라서 어떤 수의 쌍이든 네 번째 차는 짝수로 이루어진다.
이제 잠시 A_4의 수들을 그 절반의 수로 바꾸어보자. 이때의 A_5는 진짜 A_5와 어떻게 달라질까? 그 수들은 A_5의 절반이다. 예를 들어 $A_4 = (4,\ 6,\ 12,\ 22)$이면 $A_5 = (2,\ 6,\ 10,\ 18)$이다. A_4의 각각의 수를 절반으로 만들면 (2, 3, 6, 11)(이를 '절반의 A_4'라 부르자)이고, 그 첫 번째 차인 (1, 3, 5, 9)는 원래 A_5의 절반으로 이루어져 있다.
'절반의 A_4'의 네 번째 차를 이루는 수들도 여전히 원래 A_8의 절반이다. 하지만 '절반의 A_4'는 짝수들로 이루어져 있기 때문에 A_8은 4의 배수로 이루어진다. 비슷하게 A_{12}는 8의 배수로 이루어지고 A_{4n}은 2^n의 배수로 이루어진다.
모든 쌍마다 가장 큰 수 x가 있다. 0보다 작은 숫자를 x에서 빼지는 않을 것이기 때문에 차의 쌍에 있는 어떤 숫자도 x를 넘어설 수는 없다. x보다 큰 2의 첫 번째 거듭제곱을 2^y라고 해보자. 그러면 A_{4y}는 2^y의 배수로 이루어지지만, 차의 쌍 중에서는 어떤 숫자도 2^y만큼 크지 않을 것이다. 그러므로 A_{4y}는 (0, 0, 0, 0)이다.
(B) 표의 1열에서 숫자를 하나 고르고, 2열의 같은 줄에 있는 숫자를 빼라. 1열에서 같은 숫자나 다른 숫자를 고르고, 3열의 같은 줄에 있는 숫자를 빼라. 1열과 4열을 이용해서 같은 계산을 반복하라. 1열과 다른 여러 열을 이용해서 원하는 만큼 이 계산을 반복한다. 가장 마지막에 계산

하는 것은 1열에서 고른 것이 아니어야 한다(혹은 고른 정수가 0으로 시작하게 된다).

x^2	a	10b	100c	1,000d	…
0	0	0	0	0	…
1	1	10	100	1,000	…
4	2	20	200	2,000	…
9	3	30	300	3,000	…
16	4	40	400	4,000	…
25	5	50	500	5,000	…
36	6	60	600	6,000	…
49	7	70	700	7,000	…
64	8	80	800	8,000	…
81	9	90	900	9,000	…

우리는 이 뺄셈의 최대 합계를 원한다. 그러므로 마지막 줄에서 (81 – 9)를 고르는 것부터 시작해야 할 것이다. 마지막 계산은 (최소한 4열에서 하게 된다) 가장 빼는 수가 적은 2열에서 골라야 한다. 그리고 그사이 숫자들은 차를 0으로 만드는 0이어야 한다(다른 모든 차는 음수가 된다).
그러면 고른 정수는 1Z9의 형태가 되고, Z는 하나 이상의 0을 나타낸다. 이런 정수 중에서 우리는 109를 골라야 한다. (1 – 100)이 (1 – 1,000)이나 (1 – 10,000) 등의 수보다 빼는 양이 더 적기 때문이다. 하지만

$$1^2 + 0^2 + 9^2 = 82$$

이며, 이는 109보다 작다. 그러므로 세 자리 이상의 수에서 각 자리 숫자의 제곱의 합은 원래의 수보다 작다. 계산을 계속 반복하면 세 자리 미만의 수에 도달하게 될 것이다.

346. 숫자 패턴

(E)

$$49 = 72$$
$$4,489 = 672$$
$$444,889 = 6672$$
$$44,448,889 = 6,6672$$

(F)

$$81 = 9^2$$
$$9,801 = 99^2$$
$$998,001 = 999^2$$
$$99,980,001 = 9,999^2$$

347. 하나는 모두를 위해

(A)

$11 = 22 \div 2 + 2 - 2$

$12 = 2 \times 2 \times 2 + 2 + 2$

$13 = (22 + 2 + 2) \div 2$

$14 = 2 \times 2 \times 2 \times 2 - 2$

$15 = 22 \div 2 + 2 + 2$

$16 = (2 \times 2 + 2 + 2) \times 2$

$17 = (2 \times 2)^2 + \frac{2}{2}$

$18 = 2 \times 2 \times 2 \times 2 + 2$

$19 = 22 - 2 - \frac{2}{2}$

$20 = 22 + 2 - 2 - 2$

$21 = 22 - 2 + \frac{2}{2}$

$22 = 22 \times 2 - 22$

$23 = 22 + 2 - \frac{2}{2}$

$24 = 22 - 2 + 2 + 2$

$25 = 22 + 2 + \frac{2}{2}$

$26 = 2 \times (\frac{22}{2} + 2)$

(B)

$1 = (4 \div 4) \times (4 \div 4)$

$2 = (4 \div 4) + (4 \div 4)$

$3 = (4 + 4 + 4) \div 4$

$4 = 4 + (4 - 4) \times 4$

$5 = (4 \times 4 + 4) \div 4$

$6 = 4 + (4 + 4) \div 4$

$7 = 4 + 4 - 4 \div 4$

$8 = 4 + 4 + 4 - 4$

$9 = 4 + 4 + 4 \div 4$

$10 = (44 - 4) \div 4$

(C)

$3 = \frac{17,469}{5,823}$ $5 = \frac{13,485}{2,697}$ $6 = \frac{17,658}{2,943}$

$7 = \frac{16,758}{2,394}$ $8 = \frac{25,496}{3,187}$ $9 = \frac{57,429}{6,381}$

(D)

$$9 = \frac{95,742}{10,638} = \frac{75,249}{08,361} = \frac{58,239}{06,471}$$

348. 기묘한 수

(B)

$$14 \times 82 = 41 \times 28 \qquad 34 \times 86 = 43 \times 68$$

$$23 \times 64 = 32 \times 46 \qquad 13 \times 93 = 31 \times 39$$

(I)

$$1,466 - 1 = 1 + 24 + 720 + 720$$

$$81,368 - 1 = 40,320 + 1 + 6 + 720 + 40,320$$

$$372,970 - 1 = 6 + 5,040 + 2 + 367,880 + 5,040 + 1$$

$$372,973 + 1 = 6 + 5,040 + 2 + 362,880 + 5,040 + 6$$

(J) n이 세 자리 수이고 $(n^2 - n)$이 3개의 0으로 끝난다고 하자. 이제 $(n^k - n)$이라는 식을 생각해보자. 이때 k는 임의의 양의 정수다.

$$n^k - n = n(n^{k-1} - 1)$$

이 다항식은 n과 $(n - 1)$ 둘 모두로 나누어진다. 그러므로 $(n^k - n)$은 $n(n - 1) = (n^2 - n)$으로 나누어진다. 하지만 $(n^2 - n)$은 3개의 0으로 끝나기 때문에 $(n^k - n)$ 역시 3개의 0으로 끝나고 n^k은 n과 똑같은 세 자리 숫자로 끝난다. 그러면 이제 376과 625가 같은 세 자리 숫자로 끝나는 제곱을 가지는지만 확인하면 된다.

이런 수들은 n이나 $(n - 1)$의 형태를 갖고 있어야 하고 $n(n - 1)$은 1,000의 배수여야 한다. n과 $(n - 1)$은 연이은 정수이므로 공통 인수를 갖고 있지 않다. 그렇다면 하나는 $2 \times 2 \times 2 = 8$로 나누어지고, 다른 하나는 $5 \times 5 \times 5 = 125$로 나누어질 것이다(2로는 나누어지지 않는다). 후자에 속하는 수는 125, 375, 625, 875의 4개가 있고, 그 이웃 숫자는 124와 126, 374와 376, 624와 626, 874와 876이 있다. 이웃한 숫자 중에서 376과 624만이 8로 나누어진다.

따라서 유일하게 가능한 세 자리 수는 375, 376, 624, 625다. 하지만 $375^2 = 140,625$이고 $624^2 = 389,376$이다. 이로써 증명이 마무리된다.

349. 양의 정수 수열

(D) 없다. 없다. 있다. 양수에서 $n^2+(n+1)^2=(n+2)^2$이 되는 유일한 답은 $n=3$이고 $n^2+(n+1)^2+(n+2)^2=(n+3)^2+(n+4)^2$을 만족시키는 유일한 답은 $n=10$이다. 하지만 좌변에 항이 4개, 5개, …가 되는 식은 있다.

$$21^2+22^2+23^2+24^2=25^2+26^2+27^2$$
$$36^2+37^2+38^2+39^2+40^2=41^2+42^2+43^2+44^2$$

독자 스스로 우변의 n이 정수의 개수라면 식의 첫 번째 항이 $n(2n+1)$임을 증명해보라.

(F) $$\left(\frac{n(n+1)}{2}\right)^2$$

350. 영구적인 차이

a, b, c, d를 각 자리의 숫자라고 하자. 이때 a는 b와 같거나 크고, c는 d와 같거나 크고, a는 d보다 크다. $M=abcd$이고 $m=dcba$다. $(M-m)$을 찾으려면 다음과 같이 생각해보자.

1. $b>c$인 경우:

$$\begin{array}{rcccc} & [a] & [b] & [c] & [d] \\ - & [d] & [c] & [b] & [a] \\ \hline & [a-d] & [b-1-c] & [10+c-1-b] & [10+d-a] \end{array}$$

2. $b=c$인 경우:

$$\begin{array}{rcccc} & [a] & [b] & [c] & [d] \\ - & [d] & [c] & [b] & [a] \\ \hline & [a-1-d] & [10+b-1-c] & [10+c-1-b] & [10+d-a] \end{array}$$

첫 번째 식의 결과에서 맨 앞자리 숫자와 마지막 자리 숫자의 합은 10이고, 가운데 두 자리 각각의 숫자의 합은 8이다. 두 번째 식의 결과에서는 그 합이 9와 18이므로, 가운데 자리는 둘 다 9임을 알 수 있다.

이는 이후의 뺄셈에서도 마찬가지다. 그러면 첫 번째 식과 같은 경우는 숫자 25개만 확인해보면 되고, 두 번째 식과 같은 경우는 5개만 확인해 보면 된다(수의 순서는 무시해도 된다).

9,801	8,802	7,803	6,804	5,805
9,711	8,712	7,713	6,714	5,715
9,621	8,622	7,623	6,624	5,625
9,531	8,532	7,533	6,534	5,535
9,441	8,442	7,443	6,444	5,445

그리고 두 번째 식의 예로 9,990 / 8,991 / 7,992 / 6,993 / 5,994다.

아래 그림은 동그라미 친 6,174까지 가는(대체로 30개의 다른 숫자들을 통해) 화살표가 달린 네모칸 안의 숫자 30개(각 자리 숫자는 점차 감소한다)를 보여준다. 어떤 네 자리 수든 7단계 이하면 충분하다.

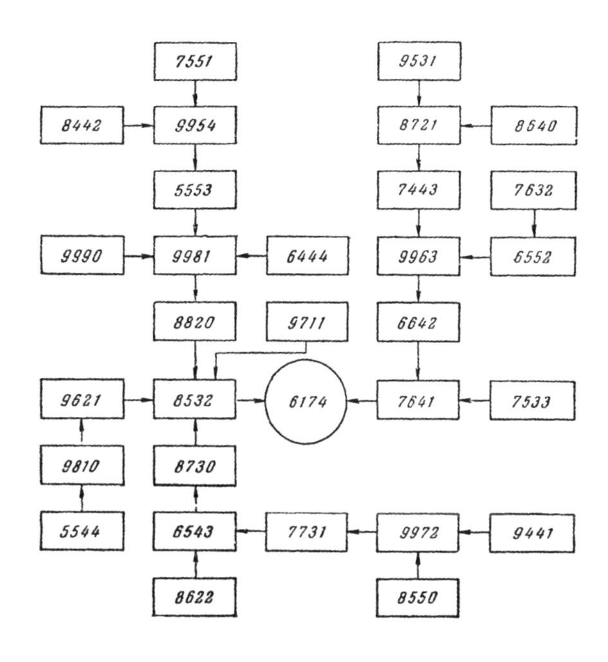

마지막 차를 극(pole)이라고 부르자. 모든 세 자리 수의 극은 495이다. 두 자리 수에는 극이 없고 대신 몇 개의 차가 순환적으로 반복된다.

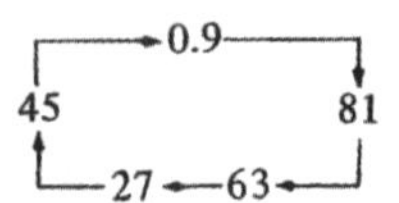

다섯 자리 수에서 각 차의 가운데 자리 숫자는 9이고, 나머지 네 자리는 네 자리 수의 경우와 똑같은 구조를 가진다(직접 확인해보자). 그래서 다섯 자리 수를 조사하는 과정에서 네 자리 수에서 확인한 30개의 숫자는 확인할 필요가 없다. 이 수들은 3개의 각기 다른 반복 사이클을 형성한다.

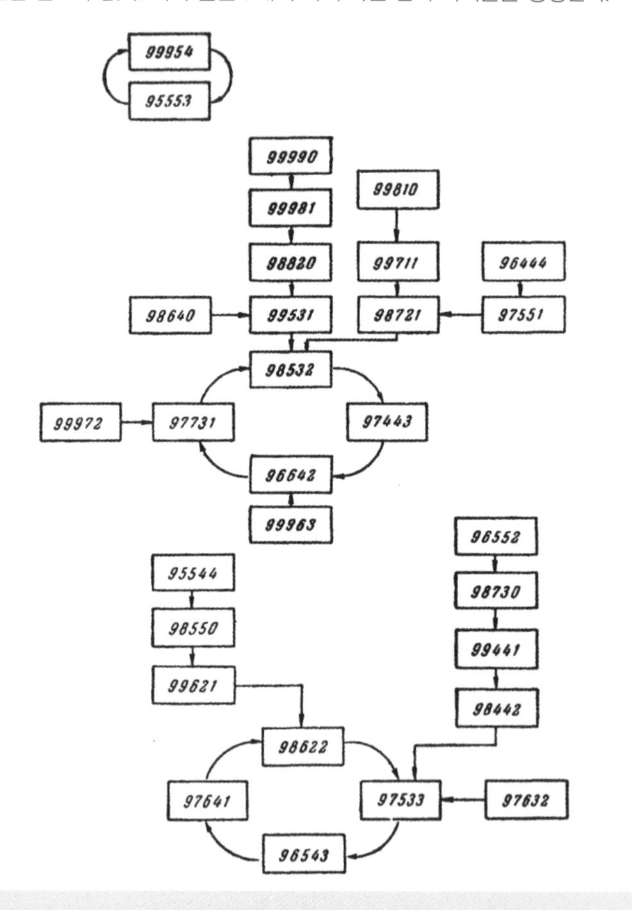

모스크바의 공학자 V. A. 오를로프는 극에 관해 재미있는 특징을 찾았다. 세 자리 수의 극인 495를 한 번 보자. 각 자리를 셋으로 나누고 아래처럼 5, 9, 4를 사이에 넣어보자.

5 9 4
↓4↓9↓5

그 결과인 549,945로 계산을 시작하면 995,554 − 445,599 = 549,945가 된다. 이는 여섯 자리 수의 극이다. 계속해보자.

5 9 4
↓54↓99↓45

999,555,444 − 444,555,999 = 554,999,445로, 이는 아홉 자리 수의 극이다. 이제 네 자리 수의 극인 6,174로 해보자. 각 자리 숫자를 세 그룹으로 분리하고 사이에 3과 6을 넣는다.

3 6
6↓17↓4

결과는 또 다른 여섯 자리 수의 극인 631,764다. 또 반복해보자.

3 6
63↓17↓64

이는 여덟 자리 수의 극이다. 이런 과정을 끝없이 계속할 수 있다.
또한 만약 여섯 자리 수의 반복을 택하고(여섯 자리 수는 가지가 있는 순환 구조를 보이며 2개의 극이 있는데 그중 하나는 분리되어 있다) 거기에 3과 6을 끼워넣으면 여덟 자리 수의 반복이 나온다.

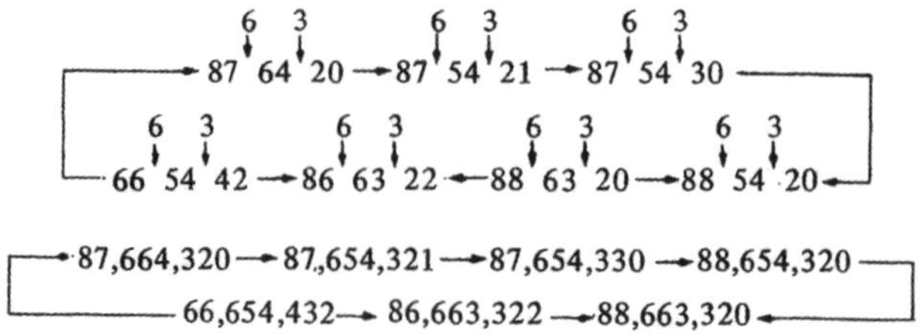

6 3 6 3 6 3

87 64 20 → 87 54 21 → 87 54 30

6 3 6 3 6 3 6 3

66 54 42 → 86 63 22 ← 88 63 20 → 88 54 20

87,664,320 → 87,654,321 → 87,654,330 → 88,654,320

66,654,432 → 86,663,322 → 88,663,320

이런 삽입을 끝없이 계속할 수 있다.

357. 도형 패러독스

직사각형의 면적인 $x(2x+y)$에 정사각형의 면적을 빼면 $x(2x+y)-(x+y)^2=x^2-xy-y^2$이 되어 우리가 356번 문제에서 본 것처럼 x와 y가 피보나치의 수일 때 1이나 -1이 되는 것과 똑같이 나온다. 직사각형의 각 조각은 약간 겹치거나 아예 만나지 않는데, 이것이 면적의 차를 만들어내는 요인이다. 그림은 13×5 직사각형에서 면적이 1인 가느다란 사각형 '구멍' KHEF를 보여준다.

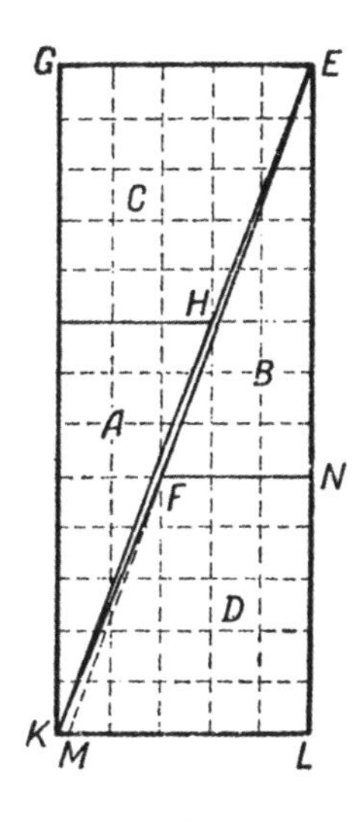

이를 증명하기 위해 삼각형 EFN의 변 EF의 연장선이 KL과 만나는 지점을 M이라고 하자(EFK가 직선일 경우 M이 K와 겹칠 것이다).
삼각형 EFN과 EML이 닮은꼴이기 때문에 다음 비율이 나온다.

$$\frac{ML}{FN}=\frac{EL}{EN} \quad \text{또는} \quad \frac{ML}{3}=\frac{13}{8}$$

그러면 ML = 4.875다. KL = 5이기 때문에 M은 K와 겹치지 않는다. 그러므로 EFK와 EHK는 직선이 아니고, 그림처럼 구멍이 나타나게 된다. 정사각형을 진짜 직사각형으로 자르려면 $x^2 - xy - y^2$이 1이나 −1이 아니라 0이 되어야 한다. 문제를 풀고 양수인 답만을 찾으면 다음과 같다.

$$x = \frac{1 + \sqrt{5}}{2} y$$

이는 예술가와 건축가가 오랫동안 귀하게 여겨왔던 '황금분할'의 비다.

뇌가 섹시해지는

모스크바 수학퍼즐 2단계

초판 1쇄 발행 2018년 4월 20일
개정판 1쇄 발행 2023년 1월 10일

지은이 보리스 A. 코르뎀스키
감수 박종하
옮긴이 김지원
펴낸이 이범상
펴낸곳 (주)비전비엔피 · 비전코리아

기획 편집 이경원 차재호 김승희 김연희 고연경 박성아 최유진 김태은 박승연
디자인 최원영 한우리 이설
마케팅 이성호 이병준
전자책 김성화 김희정
관리 이다정

주소 우)04034 서울시 마포구 잔다리로7길 12 (서교동)
전화 02)338-2411 | **팩스** 02)338-2413
홈페이지 www.visionbp.co.kr
인스타그램 www.instagram.com/visionbnp
포스트 http://post.naver.com/visioncorea
이메일 visioncorea@naver.com
원고투고 editor@visionbp.co.kr

등록번호 제313-2005-224호

ISBN 978-89-6322-198-4 04410
978-89-6322-196-0 04410 [SET]

· 값은 뒤표지에 있습니다.
· 잘못된 책은 구입하신 서점에서 바꿔드립니다.

도서에 대한 소식과 콘텐츠를
받아보고 싶으신가요?